خلاصة الحساب

Essenz der Rechenkunst

von

Mohammed Beha-eddin ben Alhossain
aus Amul,

arabisch und deutsch

herausgegeben

von

Dr. G. H. F. NESSELMANN,
außerordentlichem Professor an der Universität zu Königsberg.

Berlin.
Bei G. Reimer.

1843.

Akademische Buchdruckerei.

Vorrede.

Wenn auch bei dem heutigen Stande der Wissenschaft die Herausgabe eines arabischen Auctors keiner Entschuldigung bedarf, so kann ich doch die Gründe nicht ganz mit Stillschweigen übergehen, welche mich vermocht haben, ohne neue Vergleichung von Handschriften, blofs nach einem früheren Drucke einen Arabischen Mathematiker zu ediren. Beha-eddin lebte in der spätesten Zeit der Blüthe der arabischen Cultur, sein Werk ist gewissermafsen der letzte Blick, den ein Scheidender auf den Glanz früherer Jahre zurückwirft, um davon dem Gedächtnisse noch zu erhalten, was sich retten läfst. Insofern ist gegenwärtiges Werkchen interessant für die Geschichte der Mathematik, und bildet ein zweckdienliches Seitenstück zu der von Friedrich Rosen herausgegebenen Algebra des Mohammed ben Musa; wenn uns nämlich der letztgenannte Mathematiker die Algebra der Araber in den ältesten Zeiten der Literatur dieses Volkes vor die Augen führt, so zeigt uns Beha-eddin's Werk was dieses Volk in dem Zeitraum von achthundert Jahren aus dieser seiner Pflegebefohlenen gemacht hat; wir haben in beiden Werken den Anfang und das Ende der arabischen Algebra vor Augen. Diesem mathematisch-historischen Zwecke, der mich bei meiner Ausgabe geleitet hat, konnte die Calcuttaer Ausgabe wenig entsprechen. Erstens ist dieselbe, wie alle dortigen Drucke, in Europa sehr selten; sodann ist der Text, auf die dortigen Schulen berechnet, ohne Übersetzung in eine Europäische Sprache geblieben und nur von einer Persischen Paraphrase begleitet, wodurch sie den Mathematikern unzugänglich wird; drittens ist sie sehr uncorrect und enthält trotz ihres sechs Seiten starken Druckfehlerverzeichnisses doch noch viele daselbst nicht angezeigte, wie meine Noten zeigen, welche nur die dort unbemerkt gelassenen Fehler berühren; viertens endlich ist die Ausgabe für den Gebrauch, besonders für das Nachschlagen, so unbequem eingerichtet, wie es nur irgend möglich war; abgesehen davon, dafs der Text in lauter kleine Sätze zerrissen ist und unaufhörlich von der Paraphrase, oft sehr weitläufig, unterbrochen wird, läuft das ganze Buch vom Anfang bis zum Ende fast ohne Absatz fort, und die Überschriften der Kapitel und Abschnitte stehen in der Regel in einer ununterbrochen-fortlaufenden Zeile mitten im Texte, ohne durch irgend eine Auszeichnung dem Auge des Suchenden zu Hilfe zu kommen. Eine deutsche Übersetzung und eine gehörige Abtheilung des Textes in dieser neuen Ausgabe werden den wesentlichsten der genannten Übelstände abhelfen, und so wage ich zu hoffen, dafs man meine Arbeit nicht als etwas ganz Überflüssiges bei Seite werfen wird.

Um die Vergleichung beider Ausgaben zu erleichtern, habe ich bei jedem Absatze meines Textes die Seitenzahl der Calcuttaer Ausgabe angemerkt.

Meine Übersetzung macht keine Ansprüche auf Vollendung in der Form, sondern nur auf treue Wörtlichkeit. In Kleinigkeiten mag ich zuweilen gefehlt haben; bedeutende Fehler, welche dem des Arabischen Unkundigen die Sache entstellen, glaube ich nicht begangen zu haben. Die Anmerkungen sollen nur das Nothwendigste erläutern und beziehen sich meistens auf die Sache, selten nur auf die Sprache.

Übersetzung.

Im Namen Gottes, des Barmherzigen, des Erbarmers.

Wir preisen Dich, dessen Gnadensumme keine Zahl begrenzt, und dessen ohne Ende wiederholte Theilungen zu keinem Ende führen: wir beten für unsern Herrn Mohammed, den Auserwählten, und für seine Verwandtschaft, vorzüglich die vier unter einander Verbundenen [1]), die Inhaber des Herrschermantels [2]). Ist das geschehen, so (darf sich nennen) der Arme in Vergleich zu Gott dem reichen, Beha-eddin Mohammed, Sohn des Alhosain, aus Amul, den Gott der Erhab'ne möge sprechen lassen, was sich als wahr erweist am Tage, da Rechnung gelegt wird.

Er sagt: „Was die Rechenkunst anlangt, so ist es nicht unbekannt, wie erhaben ihr Wesen, wie hoch ihr Rang, wie zierlich ihre Aufgaben, wie fest ihre Beweise sind, noch dafs viele Wissenschaften ihrer bedürfen und eine unzählige Menge von Geschäften von ihr Gebrauch macht. Dieses ist eine Abhandlung, welche das Nothwendigste von ihren Elementen umfafst, und das Wichtigste aus ihren Kapiteln und Abschnitten vereinigt, und von ihr aufgenommen hat zierliche Kunstgriffe, welche die Essenz der Bücher älterer Auctoren ausmachen, und ist daraus gearbeitet auf ausgezeichneten Grundlagen, welche das Mark der Abhandlungen künftiger Schriftsteller sein werden [3]). Ich habe sie genannt Essenz der Rechenkunst, und habe sie angeordnet in eine Einleitung und zehn Kapitel.

Einleitung.[4])

Die Rechenkunst ist eine Wissenschaft, welche die Auffindung unbekannter Zahlen vermöge eigenthümlicher Kenntnisse lehrt, und ihr Object ist die Zahl; und da diese, wie behauptet wird, sich in der Materie offenbart, so zählt man aus diesem Grunde die Rechenkunst zu den abstracten Wissenschaften; jedoch herrscht darüber Streit. Nach Andern ist die Zahl eine Vielheit, die sich auf die Einheit und was aus ihr zusammengesetzt ist, reduciren läfst; in dieser (Definition) ist die Einheit mitbegriffen. Nach Andern (ist die Zahl) die halbe Summe ihrer beiden Grenzen; dann ist (die Einheit) ausgeschlossen; man hat sich indefs bemüht sie hineinpassen zu lassen, indem man unter der Grenze auch einen Bruch verstand. Die Wahrheit ist, dafs sie keine Zahl ist, obgleich die Zahlen aus ihr zusammengesetzt sind, gleichwie die einfache Substanz, denen zufolge, die eine solche statuiren, kein Körper ist, obgleich die Körper aus ihr zusammengesetzt sind.

Die Zahl ist entweder absolut, und heifst dann ganze Zahl, oder bezogen auf eine angenommene Einheit, und heifst dann ein Bruch, und diese Einheit ihr Nenner. Wenn die absolute Zahl einen der neun (ersten) Theile, oder eine Quadratwurzel hat, so heifst sie articulirt, wenn nicht, so (heifst sie) stumm. Wenn die articulirte Zahl gleich ist ihren Theilen, so heifst sie vollkommen; ist sie kleiner, so heifst sie überflüssig, ist sie gröfser, so heifst sie mangelhaft.

Die Zahl hat drei ursprüngliche Grade, Einer, Zehner und Hunderter; höhere aber, welche diese überschreiten, giebt es unendlich viele, die indefs auf jene ursprünglichen sich zurückführen lassen. Die Gelehrten Indiens haben dafür die bekannten neun Zeichen erfunden.[5])

Erstes Kapitel.

Die Rechnung mit ganzen Zahlen.

Eine Zahl zu einer andern hinzulegen, heifst addiren, sie von dieser wegnehmen subtrahiren, sie einmal vervielfältigen verdoppeln, und mehrmals nach der Anzahl der Einheiten einer andern (Zahl) multipliciren; sie in zwei gleiche (Theile) theilen halbiren, in mehre gleiche (Theile) nach der Anzahl der Einheiten einer andern (Zahl) dividiren; die Zahl zum Vorschein bringen, durch deren Quadrirung sie entstanden ist, heifst die Wurzel ausziehen. Wir theilen diese Operationen in (einzelnen) Abschnitten mit.

Erster Abschnitt.

Addition.

Schreibe die beiden Zahlen unter einander, und fange von der rechten Hand an zuzulegen jede Stelle zu ihrer entsprechenden; kommt nun eine Zahl heraus, welche kleiner als zehn ist, so schreibe sie darunter, bei einer gröfsern ihren Überschufs, bei zehn eine Null; in den beiden (letzten Fällen) behalte für die Zehn eine Einheit im Sinne, um sie zu dem, was an der folgenden Stelle steht, zuzulegen, oder schreibe sie zur Seite der vorhergehenden Stelle, wenn diese leer ist, oder in dieselbe. Jede Stelle, welcher keine Zahl (in der andern Reihe) entspricht, setze unverändert in die Reihe der Summe. Das Schema ist dieses:

$$\begin{array}{r} 20372 \\ 7656 \\ \hline 28028 \end{array}$$

Wenn aber mehre Reihen von Zahlen da sind, so schreibe

sie Stelle für Stelle unter einander, und fange von der Rechten an, indem du für jede Zehn eine Einheit im Sinne behältst, wie du gelernt hast. Das Schema ist dieses:

```
72373
 3318
  514
-----
76205
```

Wisse, dafs die **Verdoppelung** eigentlich die Addition zweier gleichen Zahlen ist, nur dafs du nicht nöthig hast, dieselbe zweimal zu schreiben, sondern jede Ziffer zu sich selbst addirst, gleichsam zu der ihr entsprechenden. Das Schema ist dieses:

```
252073
504146
```

Du kannst bei diesen Operationen auch von der Linken anfangen, nur dafs du dann wegstreichen, corrigiren und Linien ziehen mufst, was eine Weitläufigkeit ohne Nutzen ist. Das Schema ist dieses:

Addition zweier Zahlen.

5	2	5	3	7
2	7	9	4	2
7	9	4	7	9
8	0			

Addition mehrer Zahlen.

5	3	7	3	2
	4	1	7	9
		1	0	5
5	7	9	0	6
	8	0	1	

Verdoppelung.

2	5	0	6	7
4	0	0	2	4
5		1	3	

Wisse, dafs man die **Norm** einer Zahl dasjenige nennt, was übrig bleibt, wenn man so oft als möglich neun wegnimmt. Dann besteht die Probe der Addition und der Verdoppelung darin, dafs man die Normen der addirten Zahlen addirt und die Norm der verdoppelten Zahl verdoppelt, und die Norm der Summe nimmt. Weicht nun die Norm des Resultats ab, so ist die Rechnung fehlerhaft.

Zweiter Abschnitt.

Halbirung.

Fange von der Linken an, und setze die Hälfte jeder (Ziffer) unter sie, wenn sie gerade ist, und die in ihrer Hälfte enthaltene ganze Zahl, wenn sie ungerade ist, indem du für den Bruch fünf im Sinne behältst, um diese zu der Hälfte der vorhergehenden Stelle zu addiren, wenn daselbst eine andere Zahl als die Einheit steht; steht aber Eins oder Null, so setze die Fünf unter sie. Hast du so die Reihe durchgemacht und behältst du einen Bruch, so setze dafür das Zeichen für ein Halb; so:

8730313
4365156½

Du kannst auch von der Rechten anfangen, wenn du zwischen Linien schreibst, nach diesem Schema:

1	3	6	5	4
	1	3	2	2
	6	8		7

Die Probe besteht darin, dafs man die Norm der Hälfte verdoppelt, und davon wieder die Norm nimmt: weicht diese von der Norm der halbirten Zahl ab, so ist die Rechnung falsch.

Dritter Abschnitt.

Subtraction.

Ordne beide Zahlen an wie vorher, und fange an von der Rechten und nimm weg jede Ziffer von der über ihr stehenden, und setze den Rest unter die Horizontallinie; bleibt nichts übrig, so (setze) eine Null. Ist aber die Subtraction nicht möglich, so nimm eine Einheit von den Zehnern hinzu und subtrahire nun, und schreibe den Rest hin. Wenn aber die (Stelle der) Zehner leer ist, so nimmst du von den Hunderten (eine Einheit), welche in Bezug auf die Zehner zehn bedeutet; neun davon schreibe hin, und mit der Einheit verfahre, wie du gelernt hast, und führe die Operation zu Ende; so:

```
270753
 29872
------
240881
```

Du kannst auch von der Linken anfangen, so:

9	2	6	3
6	2	7	4
3	0	9	9
2	9	8	

Die Probe besteht darin, dafs man die Norm des Subtrahendus von der Norm des Diminuendus abzieht, wenn es möglich ist; wenn nicht, so legt man dem letztern neun zu und subtrahirt; wenn dieser Rest von der Norm des Restes abweicht, so ist die Rechnung falsch.

Vierter Abschnitt.

Multiplication.

Dieses ist die Aufsuchung einer Zahl, zu welcher sich einer der Multiplicatoren verhält, wie die Einheit zu dem andern Multiplicator, woraus folgt, dafs die Einheit auf die Multiplication keinen Einflufs hat. Es giebt hier drei Fälle, entweder (ist zu multipliciren) eine einfache Zahl in eine einfache, oder (eine solche) in eine zusammengesetzte, oder eine zusammengesetzte in eine zusammengesetzte. [6])

Im ersten Falle hat man entweder Einer in Einer, oder Einer in Nicht-Einer, oder Nicht-Einer in Nicht-Einer. Was den ersten Fall betrifft, so bürgt der für sich selbst. In den beiden andern Fällen dagegen werden die Nicht-Einer auf ihre gleichnamigen Einer reducirt. Multiplicire dann Einer in Einer, und merke dir das Product. Darauf addire die

(Anzahl der) Stellen beider Factoren, und vervielfältige das (obige) Product um den um eins kleinern Grad.[7]) Wenn du also 30 in 40 multipliciren sollst, so vervielfältigst du 12 um hundert, weil die Anzahl der Stellen vier, und die dritte die Stelle der Hunderter ist; und hast du 40 in 500 zu multipliciren, so nimmst du die 20 tausendfach, weil die Anzahl der Stellen fünf ist.

Der zweite und dritte Fall wird, wenn man die zusammengesetzte Zahl in ihre einfachen auflöst, auf den ersten reducirt. Multiplicire dann die einfachen Zahlen, jede in jede, und addire die Resultate.

Es giebt elegante Regeln für die Multiplication, welche zu der Auflösung ausgezeichneter Aufgaben führen.

Regel für zwei Zahlen zwischen fünf und zehn: Nimm den einen Factor zehnfach, und subtrahire davon das Product desselben (Factors) in den Überschufs der Zehn über den andern Factor. Z. B. 8 in 9; wir subtrahiren von 90 das Product der 9 in 2, so bleibt 72 übrig.

Eine andere Regel: Addire die beiden Factoren, und nimm den Überschufs der Summe über zehn zehnfach, und dazu addire das Product der Überschüsse der Zehn über jeden Factor. Z. B. 8 in 7; wir addiren zu 50 das Product der 2 in die 3.

Regel für die Multiplication von Einern in eine Zahl zwischen zehn und zwanzig: Addire die beiden Factoren, und nimm den Überschufs (der Summe) über zehn zehnfach; dann subtrahire davon das Product des Überschusses von zehn über die kleinere Zahl in die Einer der gröfsern. Z. B. 8 in 14; wir subtrahiren von 120 das Product von 2 in 4.

Regel für die Multiplication zweier Zahlen, die zwischen zehn und zwanzig liegen: Addire die Einer der einen zu der ganzen andern, und nimm die Summe zehnfach; dann addire dazu das Product der Einer in die Einer. Z. B. 12 in 13; wir addiren zu 150 sechs.

Regel: Wenn du irgend eine Zahl in 5 oder 50 oder 500 multipliciren sollst, so nimm ihre Hälfte zehnfach, oder hundertfach oder tausendfach, und nimm für den Bruch die Hälfte dessen, was du für die ganze Zahl genommen hast. Z. B. 16 in 5 giebt 80; oder 17 in 50 giebt 850.

Regel für die Multiplication einer Zahl zwischen zehn und zwanzig in eine zusammengesetzte Zahl zwischen zwanzig und hundert: Multiplicire die Einer der kleinern in die Anzahl der Zehner (der gröſsern), addire zu dem Product die gröſsere, nimm die Summe zehnfach, und addire dazu das Product der Einer in die Einer. Z. B. 12 in 26; du addirst 4 zu 26, nimmst 30 zehnfach, und führst die Operation zu Ende, so kommt 312 heraus.

Regel: Wenn du irgend eine Zahl in 15 oder 150 oder 1500 multipliciren sollst, addire zu ihr ihre Hälfte und nimm das Resultat zehnfach oder hundertfach oder tausendfach, und für den Bruch nimm die Hälfte dessen, was du für die ganze Zahl genommen hast. Z. B. 24 in 15 giebt 360; oder 25 in 150 giebt 3750.

Regel für die Multiplication zweier Zahlen zwischen zwanzig und hundert, deren Zehner gleich sind: Addire die Einer der einen zu der andern, multiplicire die Summe in die Anzahl der Zehner, nimm das Product zehnfach und addire dazu das Product der Einer in die Einer. Z. B. 23 in 25; du multiplicirst 28 in 2, und nimmst 56 zehnfach, und wendest die Regel vollständig an, so kommt 575 heraus.

Regel für zwei Zahlen zwischen zwanzig und hundert mit verschiedenen Zehnern: Multiplicire die Zehner der kleinern in die ganze gröſsere, addire dazu das Product der Einer der kleinern in die Zehner der gröſsern, nimm die Summe zehnfach und lege dazu das Product der Einer in die Einer. Z. B. 23 in 34; addire zu 68 neun und zu 770 zwölf.

Regel: Jede zwei verschiedene Zahlen, deren halbe Summe eine einfache Zahl ist, addire, und multiplicire die halbe Summe in sich selbst, und subtrahire von dem Resultat das Quadrat ihrer halben Differenz. Z. B. 24 in 36; subtrahire von 900 das Quadrat ihrer halben Differenz, das ist 36, so bleibt 864 übrig.

Regel: Zuweilen wird die Multiplication dadurch erleichtert, dafs man einen der Factoren durch die erste Zahl einer höhern Ordnung dividirt, und mit dem Quotienten die andere Zahl multiplicirt, und das so erhaltene Resultat vervielfältigt nach der angenommenen Zahl, indem man dem Bruch seinen Werth giebt. [8]) Z. B. 25 in 12; dividire die erste Zahl durch 100, (der Quotient ist) ein Viertel; nun nimm $\frac{1}{4}$ von 12 und multiplicire es in 100; oder (25) in 13; ein Viertel davon ist $3\frac{1}{4}$, und das Resultat 325.

Regel: Zuweilen wird die Multiplication dadurch erleichtert, dafs du einen der Factoren ein und mehrmal verdoppelst und dann den andern in demselben Maafse halbirst, und die beiden Resultate in einander multiplicirst. Z. B. 25 in 16; wenn du nun die erste Zahl zweimal verdoppelst und die zweite eben so oft halbirst, so kommt es darauf hinaus 4 in 100 zu multipliciren. Und dieses ist ganz einleuchtend.

Erläuterung. Wenn aber der Stellen viele sind und die Operation schwierig wird, so suche dir mit Schreiben zu helfen. Sollst du also eine einfache in eine zusammengesetzte Zahl multipliciren, so schreibe sie hin. Dann multiplicire mit der Ziffer der einfachen Zahl in die erste Stelle, und schreibe die Einer des Products darunter, für die Zehner aber behalte eben so viele Einer im Sinne, um sie zu dem Product der folgenden Stelle zu addiren, wenn daselbst eine Zahl steht; steht da aber eine Null, so schreibe die Anzahl der Zehner darunter. Kommen keine Einer heraus, so setze eine Null, und behalte für jede Zehn eine Einheit im Sinne, um damit zu verfahren wie du gelernt hast. Multiplicirst du in Null, so schreibe eine Null. Wenn endlich an der einfachen Zahl Nullen hängen, so schreibe diese zur Rechten in die Reihe des Products.

Z. B. 5 in diese Zahl 62043; das Schema der Operation ist folgendes:

$$\begin{array}{r} 5 \\ 62043 \\ \hline 310215 \end{array}$$

Und wären es 500 gewesen (statt 5), so hättest du an die Reihe des Products zwei Nullen anhängen müssen, so 31021500.

Wenn du aber eine zusammengesetzte Zahl in eine zusammengesetzte multipliciren sollst, so giebt es da verschiedene Methoden, z. B. des Netzes, die Multiplication des Umgürtens [9]), des Gegenüberstellens und andere; am bekanntesten aber ist die Netzmethode. Zeichne eine vierseitige Figur und theile sie in Quadrate, und jedes Quadrat in zwei Dreiecke, ein oberes und ein unteres, durch Diagonalen, wie du sogleich sehen wirst. Dann setze den einen Factor über die Figur, jede Stelle über ein Quadrat, und den andern links davon, die Einer nach unten, über ihnen die Zehner, dann die Hunderter u. s. fort. Dann multiplicire die einzelnen Ziffern, jede mit jeder, und setze das Product in das Quadrat, an dem sich beide begegnen, die Einer in das untere Dreieck, die Zehner in das obere, und lafs die Quadrate, an denen eine Null steht, leer. Ist nun Alles angefüllt, dann setze, was in dem ersten Dreieck unten rechts steht, unverändert unter die Figur, und wenn es leer ist, eine Null; und das ist die erste Stelle des Products. Dann addire, was zwischen je zwei Transversallinien steht, und setze das Resultat links von dem vorigen, und ist der Raum leer, eine Null, ganz wie bei der Addition. Z. B. wir wollen 62374 in 207 (multipliciren); dieses ist das Schema der Operation:

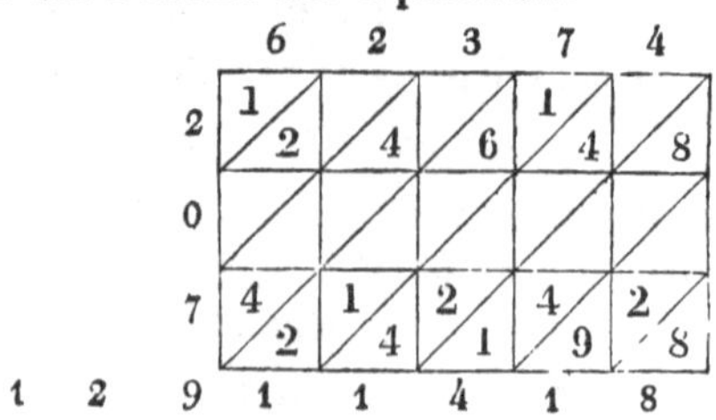

Die Probe besteht darin, dafs man die Normen der beiden Factoren in einander multiplicirt; wenn dann die Norm dieses Products von der Norm des gewonnenen Resultats abweicht, ist die Rechnung fehlerhaft.

Fünfter Abschnitt.

Division.

Dieses ist die Aufsuchung einer Zahl, welche sich zu der Einheit verhält, wie der Dividendus zum Divisor; sie ist also das Umgekehrte der Multiplication. Das Geschäft besteht hier also darin, dafs man eine Zahl sucht, deren Product in den Divisor gleich ist dem Dividendus, oder kleiner ist als dieser um eine kleinere Zahl als der Divisor ist. Ist nun (das genannte Product dem Dividendus) gleich, so heifst die angenommene Zahl der Quotient; und wenn es in genannter Weise kleiner ist, so gieb dieser kleinern Zahl den Divisor zum Nenner, so ist dieser Bruch nebst jener Zahl der Quotient.

Wenn die Zahlen grofs sind, so zeichne eine Tabelle mit so vielen Linien als der Dividendus Stellen hat, und setze diese zwischen die Linien, den Divisor aber nach unten, so dafs die höchsten Stellen unter einander zu stehen kommen, wenn der Divisor nicht gröfser ist, als die ihm entsprechenden Stellen des Dividendus; ist das so, so stelle ihn darunter; im Gegentheil stelle ihn so, dafs er unter die vorletzte (zweite) Stelle des Dividendus zu stehen kommt. Dann suche die gröfste Zahl unter den Einern, deren Product in jede einzelne Stelle des Divisors sich von denjenigen Stellen des Dividendus, die über derselben oder etwa zur Linken stehen, subtrahiren läfst, und setze den Rest unter eine Trennungslinie. Hast du (eine solche Zahl) gefunden, so setze sie über die Tabelle, an den der ersten Stelle des Divisors entsprechenden Platz, und verfahre mit ihr wie du gelernt hast. Dann rücke den Divisor um eine Stelle rechts fort, oder das, was vom Divi-

	1	8	4	1	0
9	7	5	7	4	1
5	3				
4	4				
4	0				
	4				
	2	4			
	2	1			
	2	0			
		1			
		1	2		
			5	4	
			5	3	
				1	
				5	3
			5	3	
		5	3		
	5	3			
5	3				

dendus übrig ist, (um eine Stelle) links, nachdem (du) eine Horizontallinie (gezogen hast). Darauf suche wiederum die gröfste Zahl, wie vorher, und setze sie rechts von der ersten, und verfahre mit ihr wie du gelernt hast. Läfst sich keine der Art finden, so setze eine Null, und rücke ein, wie vorher, und so weiter fort, bis endlich die kleinste Stelle des Divisors unter die kleinste des Dividendus zu stehen kommt, dann ist das über die Tabelle gesetzte der Quotient. Wenn von dem Dividendus etwas übrig bleibt, so ist das ein Bruch, dessen Nenner der Divisor ist. Z. B. Die Zahl 975741 (soll dividirt werden) durch die Zahl 53; dann ist der Quotient 18410 als ganze Zahl und 11 von 53 Theilen, wenn 53 als Einheit gesetzt wird. Und dieses ist das Schema:

Die Probe besteht darin, dafs man die Norm des Quotienten in die Norm des Divisors multiplicirt, und die Norm des Restes dazu addirt, wenn ein solcher vorhanden ist; weicht die Norm dieser Summe von der Norm des Dividendus ab, so ist die Rechnung fehlerhaft.

Sechster Abschnitt.

Ausziehung der Quadratwurzel.

Das in sich selbst Multiplicirte heifst Wurzel in der Rechenkunst, Seite in der Geometrie, und ein Ding in der Algebra; das Resultat heifst dann Quadrat.[10])

Wenn die Zahl klein ist, so erfordert die Aufsuchung der Wurzel keine Anstrengung, sobald sie rational ist; ist sie aber irrational, so subtrahire (von der gegebenen Zahl) ihr nächstes Quadrat, und gieb dem Rest die doppelte Wurzel des subtrahirten (Quadrats) nebst der Einheit zum Nenner; dann ist die Wurzel des subtrahirten (Quadrats) nebst diesem Bruche die Wurzel der gegebenen Zahl näherungsweise [11]). Wenn sie aber grofs ist, so setze sie innerhalb einer Tabelle, wie den Dividendus, und bezeichne ihre Stellen eine um die andre; dann suche die gröfste Zahl unter den Einern, so dafs, wenn du ihr Quadrat von der unter dem ersten Zeichen stehenden und der vorhergehenden (links stehenden) Stelle subtrahirst, (diese Subtraction) entweder aufgeht oder einen Rest läfst, der kleiner ist als das subtrahirte (Quadrat) [12]). Hast du eine solche (Zahl) gefunden, so setze sie nach oben und nach unten in einer gewissen Entfernung; multiplicire dann die obere in die untere, und setze das Product unter die Zahl, deren Wurzel gesucht wird, so dafs ihre Einer unter den Multiplicator zu stehen kommen, und subtrahire (das Product) von dem was darüber und zur Linken steht, und setze den Rest darunter, nachdem (du) eine Trennungslinie (gezogen hast).

	.3		.5		.8
1	2	8	1	7	2
	9				
	3				
	3	0			
		8			
		2	5		
		5	6		
		5	6	6	4
					8
			7	1	7
			7	0	8
		6	5		
	3				

Darauf addire das oben Stehende zu dem unten Stehenden, und schreibe die Summe hin, indem du eine Stelle zur Rechten einrückst. Dann suche wiederum die gröfste Zahl, so dafs, wenn du sie oben an das zweite Zeichen und auch unten hingesetzt hast, ihr Product in die ganze untere Zahl von den darüber und zur Linken stehenden Stellen sich subtrahiren läfst; ist diese Zahl gefunden, so verfahre damit, wie du gelernt hast, addire das Obere zu dem Unteren und rücke, was unten steht, um eine Stelle rechts ein. Läfst sich aber (eine solche Zahl) nicht finden, so setze oben an das Zeichen und unten eine Null und rücke ein. Und so verfahre, bis du zu Ende bist, dann ist das oben Stehende die Wurzel, und wenn kein Rest unter den Trennungslinien geblieben ist, so ist die Zahl ein rationales Quadrat; bleibt aber ein Rest, dann ist sie ein irrationales, und dieser Rest ist ein Bruch, dessen Nenner man findet, wenn man das bei den letzten Zeichen oben Stehende nebst der Einheit zu dem unten Stehenden addirt. Beispiel: Wir wollen die Wurzel aus dieser Zahl 128172 ausziehen; wir thun, wie wir gesagt haben, und dann wird es so (s. Figur). Es bleibt unter den Trennungslinien 8 übrig, und das ist ein Bruch, dessen Nenner entsteht, wenn man das oben an dem letzten Zeichen Stehende nebst der Einheit zu dem unten Stehenden addirt, und das ist 717.

Die Probe besteht darin, dafs man die Norm des Resultats quadrirt und dazu die Norm des Restes, wenn einer da ist, addirt. Weicht nun die Norm dieser Summe von der Norm der (gegebenen) Zahl ab, so ist die Rechnung falsch.

Zweites Kapitel.

Die Rechnung mit Brüchen.

Enthält drei Vorbereitungen und sechs Abschnitte.

Erste Vorbereitung.

Wenn irgend zwei Zahlen mit Ausschlufs der Einheit einander gleich sind, so (nennt man sie) *identische*; ist das nicht der Fall, mifst aber die kleinere die gröfsere, so (nennt man sie) *aufgehende*; ist auch das nicht, mifst aber eine dritte Zahl beide, so (nennt man sie) *accordirende*, und der Bruch, dessen Nenner diese (dritte Zahl) ist, heifst ihr *Accord*; findet aber auch das nicht Statt, so (heifsen sie) *fremdartige*. Die Identität ist an und für sich klar; die übrigen erkennt man, wenn man die gröfsere durch die kleinere dividirt; bleibt kein Rest, so sind sie aufgehende; bleibt aber ein Rest, so dividiren wir den Divisor durch den Rest und so fort, bis kein Rest mehr bleibt; dann sind die Zahlen accordirende, und der letzte Divisor ist ihr gemeinschaftliches Maafs; wenn aber die Einheit als Rest bleibt, so sind sie fremdartige.

Der Bruch ferner ist entweder *articulirt*, und das sind die neun bekannten (ersten) Brüche, oder *stumm*, dessen Ausdruck nur durch Umschreibung möglich ist. Ferner ist jeder von ihnen entweder *einfach*, wie ein Drittel, ein Elftel, oder *vielfach*, wie zwei Drittel, zwei Elftel, oder *abhängig*, wie die Hälfte des Sechstels, ein Elftel eines Dreizehntels, oder *complicirt*, wie ein Halbes und ein Drittel, ein Elftel und ein Dreizehntel [13]).

Wenn du einen Bruch schreiben willst, so schreibe, wenn er mit einer ganzen Zahl verbunden ist, diese nach oben, und den Bruch darunter, den Zähler über den Nenner; im entgegengesetzten Falle setze eine Null an ihre Stelle. Complicirte Brüche verbindet man mit und, und surde abhängige mit von. Daher schreibt man eins und zwei Drittel so $\begin{matrix}1\\2,\\3\end{matrix}$ die Hälfte von fünf Sechsteln so $\begin{matrix}0\\1\\2,\\5\\6\end{matrix}$

Zwei Fünftel und drei Viertel so $\begin{matrix}0\\2\\5\end{matrix}$ und $\begin{matrix}0\\3\\4\end{matrix}$

Ein Elftel von einem Dreizehntel so $\begin{matrix}0\\1\\11\end{matrix}$ von $\begin{matrix}0\\1\\13.\end{matrix}$

Zweite Vorbereitung.

Der Nenner eines Bruches ist die kleinste Zahl, von welcher er eine ganze Zahl ist. Der Nenner des einfachen Bruches liegt vor Augen, und er selbst ist unverändert der Nenner des vielfachen Bruchs. Der Nenner des abhängigen Bruchs ist das Product der Nenner seiner einfachen Brüche in einander. Was den complicirten Bruch anlangt, so vergleiche (zunächst) die Nenner zweier seiner Brüche; sind sie fremdartige Zahlen, so multiplicire sie in einander, sind sie accordirende, so (multiplicire) den Accord des einen in den andern; sind sie aufgehende, so begnüge dich mit dem gröſsern; dann vergleiche das Resultat mit dem Nenner des dritten Bruchs, und verfahre wie du gelernt hast, und so fort; das Resultat ist der gesuchte (Nenner). Willst du z. B. den (gemeinschaftlichen) Nenner der neun (ersten) Brüche finden, so multiplicire 2 in 3, weil sie fremdartig sind; das Resultat in die Hälfte von 4, weil (hier) Accord (Statt findet); das Resultat in 5 wegen der Fremdartigkeit; 6 aber geht in das Resultat auf, darum begnüge dich damit und multiplicire es in 7 wegen der Fremdartigkeit, und das Resultat in ein Viertel von 8, dieses dann in ein Drittel von 9, wegen des Accords; 10 geht in das Resultat, welches 2720 ist, auf, darum begnüge dich damit; es ist nämlich der gesuchte (gemeinschaftliche Nenner).

Zusatz. Du kannst auch die Nenner der einfachen Brüche (auf einmal) mit einander vergleichen. Diejenigen von ihnen, welche in einen andern aufgehen, streiche dann fort und begnüge dich mit dem gröfsern; und für diejenigen, welche (mit einem andern) accordiren, substituire ihren Accord und verfahre mit dem Accord ebenso, bis die Nenner auf (das Verhältnifs der) Fremdartigkeit reducirt sind: dann multiplicire sie in einander, so ist das Product das Gesuchte. In dem Beispiel streiche weg 2, 3, 4 und 5, weil sie in die folgenden aufgehen; 6 ist mit 8 accordirend nach (dem Verhältnifs von) einem Halb, darum substituire dafür die Hälfte, und da diese in 9 aufgeht, so streiche sie weg; 8 ist accordirend mit 10 nach (dem Verhältnifs von) einem Halb: darum multiplicire 5 in 8, das Product in 7 und dieses in 9, so hast du das Gesuchte.

Ein Scherz. Man erhält den Nenner der neun Brüche, wenn man die Tage des Monats in die Anzahl der Monate, und dieses Product in die Tage der Woche multiplicirt. Oder wenn man ein Product bildet aus denjenigen Nennern, in denen der Buchstabe Ain vorkommt (d. i. 4. 7. 9. 10). Der Beherrscher der Gläubigen, Ali, (Heil über ihm!) ward hierüber befragt; er antwortete: Multiplicire die Tage der Woche in die Tage des Jahres [14]).

Dritte Vorbereitung.

Verwandlung gemischter Brüche in unächte und umgekehrt.

Die Verwandlung eines gemischten Bruchs in einen unächten besteht darin, dafs man eine ganze Zahl zu einem

Bruche macht von dem Nenner eines gegebenen Bruchs, und die Operation ist die, dafs man, wenn die Verbindung einer ganzen Zahl und eines Bruchs gegeben ist, die ganze Zahl in den Nenner des Bruchs multiplicirt und den Zähler dazu addirt. Daher ist edi Verwandlung von $2\frac{1}{4}$ gleich $\frac{9}{14}$, die Umwandlung von $6\frac{3}{5}$ gleich $\frac{33}{5}$, und die Umwandlung $4\frac{1}{21}$ gleich $\frac{85}{21}$.

Die Verwandlung eines unächten Bruchs in einen gemischten besteht darin, dafs man einen Bruch zu Ganzen macht. Wenn wir nämlich einen Bruch haben, dessen Zähler gröfser ist als sein Nenner, so dividiren wir jenen durch den Nenner; dann ist der Quotient ganze Zahl und der Rest ein Bruch mit demselben Nenner. Somit ist die Auflösung von funfzehn Vierteln drei und drei Viertel.

Erster Abschnitt.

Addition und Verdoppelung der Brüche.

Man nimmt, nachdem (die Brüche auf) gemeinschaftlichen Nenner (gebracht sind), die Summe oder das Doppelte, und dividirt den Zähler, wenn er gröfser ist, durch jenen; wenn er kleiner ist, schreibt man den Nenner darunter; wenn er ihm gleich ist, ist das Resultat eine Einheit. Daher ist ein Halb, ein Drittel und ein Viertel gleich eins und ein Zwölftel; ein Sechstel und ein Drittel ist ein Halb; ein Halb, ein Drittel und ein Sechstel ist eins; und das Doppelte von drei Fünfteln ist eins und ein Fünftel.

Zweiter Abschnitt.

Halbirung und Subtraction der Brüche.

Halbirung. Wenn der Zähler eine gerade Zahl ist, so halbire ihn; wenn er eine ungerade Zahl ist, so verdoppele den Nenner und schreibe ihn unter den Zähler. Dieses ist einleuchtend.

Subtraction. Subtrahire einen (Zähler) von dem andern, nachdem sie auf gleichen Nenner gebracht sind, und schreibe unter den Rest diesen (den gemeinschaftlichen Nenner). Wenn du also ein Viertel von einem Drittel subtrahirst, so bleibt ein Zwölftel.

Dritter Abschnitt.

Multiplication der Brüche.

Wenn nur auf einer Seite ein Bruch steht, mit oder ohne ganze Zahl, so multiplicire den eingerichteten Bruch oder den (einfachen) Zähler in die ganze Zahl; dann dividire das Product durch den Nenner, oder schreibe diesen darunter. Wenn man also zwei und drei Fünftel in vier multiplicirt, so dividiren wir das Product des eingerichteten Bruchs in die ganze Zahl, nämlich 52, durch 5, so kommt heraus $10\frac{2}{5}$. Und wenn wir $\frac{3}{4}$ in 7 multipliciren, so dividiren wir 21 durch 4, so kommt heraus $5\frac{1}{4}$ und das ist das Gesuchte.

Steht aber auf beiden Seiten ein Bruch, und bei beiden, oder bei einem, oder bei keinem eine ganze Zahl, so multiplicire die (Zähler der) eingerichteten Brüche in einander, oder des einen eingerichteten Bruchs in den Zähler des andern, oder Zähler in Zähler, und dieses sei das erste Resultat. Sodann (multiplicire) Nenner in Nenner, und dieses sei das zweite Resultat. Dann dividire das erste durch dieses, oder schreibe dieses als Nenner unter jenes, so ist das Resultat das Gesuchte. Das Product von $2\frac{1}{2}$ in $3\frac{1}{3}$ ist also $8\frac{1}{3}$, das Product von $2\frac{1}{4}$ in $\frac{5}{6}$ ist $1\frac{7}{8}$; und von $\frac{3}{4}$ in $\frac{5}{7}$ ist $\frac{1}{2}$ plus $\frac{1}{28}$ (= $\frac{15}{28}$).

Vierter Abschnitt.

Division der Brüche.

Hier giebt es acht Fälle, wie das (eigne) Nachdenken bezeugt. Das Verfahren besteht darin, dafs du den Dividendus und den Divisor in den gemeinschaftlichen Nenner multiplicirst, wenn auf beiden Seiten Brüche stehen, oder in den vorhandenen Nenner, wenn nur eine (Seite) einen Bruch enthält; dann dividirst du das Product des Dividendus durch das Product des Divisors, oder schreibst dieses als Nenner darunter. So ist also, wenn man $5\frac{1}{4}$ durch 3 dividirt, der Quotient $1\frac{3}{4}$; und umgekehrt (wenn man 3 durch $5\frac{1}{4}$ dividirt) $\frac{4}{7}$; und $\frac{2}{6}$ (dividirt) durch $\frac{1}{6}$ giebt 2, wie die oben gelehrte Regel der Division bezeugt. Es ist übrigens an dir, die übrigen Beispiele aufzusuchen.

Fünfter Abschnitt.

Quadratwurzeln aus Brüchen.

Wenn der Bruch mit einer ganzen Zahl verbunden ist, so richte ihn ein, so dafs das Ganze ein Bruch wird. Dann, wenn Zähler und Nenner articulirt (d. h. Quadratzahlen) sind, so dividire die Wurzel des Zählers durch die Wurzel des Nenners, oder gieb jener diese als Nenner. So ist die Wurzel aus $6\frac{1}{4}$ gleich $2\frac{1}{2}$ und die Wurzel aus $\frac{4}{9}$ gleich $\frac{2}{3}$. Sind sie aber nicht articulirt, so multiplicire den Zähler in den Nenner, ziehe die Wurzel aus dem Product näherungsweise, und dividire sie durch den Nenner. Willst du z. B. die Wurzel aus $3\frac{1}{2}$ ausziehen, so multiplicire 7 in 2, und ziehe aus dem Product die Wurzel näherungsweise; sie ist $3\frac{5}{7}$; dann dividire sie durch 2, so kommt heraus $1\frac{6}{7}$.

Sechster Abschnitt.

Reducirung eines Bruchs auf einen gegebenen Nenner.

Multiplicire den Zähler des Bruchs in den Nenner, auf welchen er reducirt werden soll, und dividire das Product durch den (ursprünglichen) Nenner, so ist der Quotient der Zähler zu dem gegebenen Nenner. Wird also gefragt: Wieviel Achtel sind fünf Siebentel? so dividire 40 durch 7; es kommen $5\frac{5}{7}$ Achtel heraus. Und wird gefragt, wieviel Sechstel? so ist die Antwort $4\frac{2}{7}$ Sechstel.

Drittes Kapitel.

Aufsuchung der Unbekannten durch die Proportion.

Hier verhält sich das erste Glied zum zweiten, wie das dritte zu dem vierten, und es mufs das Product der äufsern Glieder dem Product der innern gleich sein, wie bewiesen wird. Ist also eins der äufsern Glieder unbekannt, so dividire das Product der innern Glieder durch das bekannte äufsere; wenn aber eins der innern (unbekannt ist), so dividire das Product der äufsern Glieder durch das bekannte innere; der Quotient ist die gesuchte Gröfse. Die (hieher gehörigen) Aufgaben beziehen sich entweder auf Summe und Differenz, oder auf Handelsgeschäfte und ähnliches.

Erstens, etwa so: Was ist es für eine Zahl, die, wenn man zu ihr ein Viertel ihres Werthes addirt, drei wird? Auflösung: Nimm den Nenner des Bruchs, und nenne ihn die Annahme; operire damit nach Maafsgabe der Frage, und was dabei heraus kommt, nenne die Mitte; dann hast du drei bekannte Gröfsen, nämlich die Annahme, die Mitte und das Bekannte, worunter das zu verstehen ist, was der Aufgabesteller gegeben hat, wenn er sagt: es wird so und so. Nun verhält sich die Annahme als erstes Glied zu der Mitte als zweitem, wie das Unbekannte als drittes zu dem Unbekannten als viertem. Multiplicire also die Annahme in das Bekannte, une dividire das Product durch die Mitte, so resultirt das Unbekannte, welches in dem Beispiel $2\frac{2}{5}$ ist.

Zweitens, wenn etwa so gefragt würde: 5 Pfund für 3 Dirhem, für wieviel 2 Pfund? (Hier sind) 5 Pfund das Geschätzte, 3 der Werth, die 2 Pfund das Gekaufte, und das Gefragte (Gesuchte) ist der Preis. Es verhält sich das

Geschätzte zu dem Werth, wie das Gekaufte zu dem Preis. Es ist also das Unbekannte viertes Glied; darum dividire das Product der Mittelglieder, nämlich 6, durch das erste Glied, 5. Wäre aber gefragt: wieviel Pfund für 2 Dirhem? so wäre das Unbekannte das Gekaufte, also drittes Glied; daher müfstest du das Product der äufsern Glieder, nämlich 10, dividiren durch das zweite, 3. — Von hier ist ihre Regel hergenommen: multiplicire das letzte Stück der Frage in das ihm fremdartige, und dividire das Product durch das jenem gleichartige.

Dieses Kapitel ist von grofsem Nutzen. Behalte es! Er ist der, der um Hilfe gebeten wird.

Viertes Kapitel.

Aufsuchung der Unbekannten durch zwei falsche Sätze.

Nimm für die Unbekannte an, was du willst, und nenne es die erste Annahme, und operire damit der Aufgabe gemäfs; stimmt es, so ist es. Wenn es aber abweicht, nach einer oder der andern Seite (um plus oder minus), so nenne dieses die erste Abweichung. Dann nimm eine andre Zahl an, und nenne sie die zweite Annahme; wenn sie abweicht, so entsteht dadurch die zweite Abweichung. Darauf multiplicire die erste Annahme in die zweite Abweichung, und nenne das Product das erste Resultat; und dann die zweite Annahme in die erste Abweichung, und das ist das zweite Resultat. Sind nun beide Abweichungen (zugleich) positiv oder negativ, so dividire die Differenz der beiden Resultate durch die Differenz der beiden Abweichungen; sind sie aber verschieden, so (dividire) die Summe der beiden Resultate durch die Summe der Abweichungen, so ist der Quotient die gesuchte Zahl.

Wäre also gefragt: was ist es für eine Zahl, die, wenn man zwei Drittel ihres Werthes und 1 zu ihr addirt, zehn wird? so ist, wenn du 9 annimmst, die erste Abweichung + b; (nimmst du) 6 an, so ist die zweite Abweichung + 1; daher das erste Resultat 9, das zweite 36, und der Quotient, der entsteht, wenn du die Differenz der Resultate durch die Differenz der Abweichungen dividirst, ist $5\frac{2}{5}$, und das ist die gesuchte Zahl.

Und wäre gefragt: Was ist es für eine Zahl, die, wenn man ein Viertel ihres Werthes zu ihr addirt, zu der Summe drei Fünftel ihres Werths, und von der Summe 5 subtrahirt, selbst wieder heraus kommt? Wenn du 4 annimmst, so weicht es um — 1 ab, wenn 8, dann um + 3. Daher ist der Quotient, der entsteht, wenn man die Summe der Resultate durch die Summe der Abweichungen dividirt, 5, und das ist das Gesuchte.

Fünftes Kapitel.

Aufsuchung der Unbekannten durch die Operation der Umkehrung.

Dieses Verfahren besteht darin, dafs man das Gegentheil von dem thut, was der Frager bestimmt hat; hat er verdoppelt, so halbire, hat er addirt, so subtrahire, hat er multiplicirt, so dividire, hat er die Wurzel ausgezogen, so erhebe auf's Quadrat, und hat er es umgekehrt gemacht, so mache es umgekehrt, indem du anfängst von dem letzten Stück der Aufgabe: dann erhältst du die Auflösung.

Ist z. B. gefragt: Was ist es für eine Zahl, welche, wenn man sie in sich selbst multiplicirt, und zu dem Product 2 addirt, und dann verdoppelt und zu dem Resultat 3 addirt, die Summe durch 5 dividirt und den Quotienten mit 10 multiplicirt, als Resultat 50 giebt? so dividire dieses durch 10, multiplicire die 5 in sich selbst, subtrahire davon 3, und von der Hälfte der 22 (subtrahire) 2, und nimm die Quadratwurzel aus 9, so ist diese Wurzel aus 9 die Auflösung.

Wird gefragt: was ist es für eine Zahl, welche, wenn zu ihr ihre Hälfte und 4 addirt, und zu dem Resultat ebenso, 20 giebt? so subtrahire 4, dann den dritten Theil von 16, weil die Hälfte das Addirte war, so bleibt $10\frac{2}{3}$; dann subtrahire davon 4, und an den Rest sein Drittel, so bleibt $4\frac{14}{9}$, und das ist die Auflösung [15]. Gott kennt die Wahrheit besser.

Sechstes Kapitel.

Mefskunst.

Aus einer Vorbereitung und drei Abschnitten bestehend.

Vorbereitung.

Die Mefskunst ist die Untersuchung, wie vielmal in der stetigen räumlichen Gröfse die lineäre Einheit oder ihre Theile oder beide zusammen enthalten sind, wenn es eine Linie, oder wievielmal die quadratische Einheit, wenn es eine Fläche, oder die kubische Einheit, wenn es ein Körper ist.

Die Linie ist die Gröfse von einer Dimension; man theilt sie ein in die gerade, welches die kürzeste von den Linien ist, welche zwei Punkte verbinden, und zugleich diejenige, die man wählt, wenn man freie Wahl hat; ihre zehn Namen sind bekannt [16]), und sie schliefst mit einer ihres Gleichen keinen Raum ein; und die krumme, die man wieder scheidet in die Kreislinie, die bekannt ist, und in die nicht kreisförmige, mit denen wir uns hier nicht beschäftigen werden.

Die Fläche ist die Gröfse von nicht mehr als zwei Dimensionen; sie ist eine Ebene, wenn die (geraden) Linien, die auf ihr gezogen werden, in jedem Punkte auf sie fallen. Wird sie begrenzt von einer einzigen Kreislinie, so heifst sie ein Kreis, die Linie, welche ihn halbirt, der Durchmesser, und die ihn nicht halbirt, Sehne in Bezug auf die beiden Bogen und Basis in Bezug auf die beiden Segmente; (wird die Ebene begrenzt) von einem Bogen und zwei Halbmessern, die sich im Centrum schneiden, so ist es ein Ausschnitt, und zwar (entsteht zugleich) ein gröfserer und ein kleinerer; wenn (sie begrenzt wird) von zwei Bogen, deren Convexitäten nach einer Seite gekehrt sind und die beide kleiner als der Halbkreis sind, so ist das ein Mond, sind sie gröfser (als der Halbkreis), so ist es ein Hufeisen; wenn beide nach verschiedenen Seiten convex, einander gleich und kleiner als der Halbkreis sind, so ist es eine Myrobalane; sind sie gröfser (als der Halbkreis), so ist es eine Rübe. — Wenn (die Ebene begrenzt wird) von drei geraden Linien, so entsteht ein Dreieck, welches entweder gleichseitig, gleichschenklig oder ungleichseitig, rechtwinklig, stumpfwinklig oder spitzwinklig ist; wenn von vier gleichen Linien, so ist es ein Quadrat, wenn sie aufeinander senkrecht stehen, wenn nicht, ein Rhombus; wenn sie ungleich sind, mit Gleichheit der gegenüber liegenden, so ist es ein Rechteck, wenn sie senkrecht stehen, sonst ein Rhomboides; wenn keine von diesen Bedingungen statt findet, so entstehen Trapeze, von denen einige bisweilen besondere Namen bekommen, z. B. (das Trapez) mit einer Spitze, mit zwei Spitzen, und die Gurke.[17]) Wenn (die Ebene begrenzt wird) von mehr als vier Seiten, so heifst es ein Vieleck, und wenn die Seiten gleich sind, so sagt man ein Gefünftes, ein Gesechstes und so fort, wenn nicht, so heifst es eine fünfseitige, eine sechsseitige Figur und so fort bis zu zehn in beiden Gattungen; von da an heifst es Figur von elf Gruudlinien, von zwölf Grundlinien und so fort in beiden Gattungen; manchmal bekommen auch einige besondere Namen, als Treppenfigur, Trommelfigur, Spitzenfigur[18]).

Der Körper ist die Gröfse von drei Dimensionen; wenn ihn eine Fläche begrenzt, (von der Beschaffenheit), dafs die aus ihrem Innern ausgehenden (geraden Linien) einander gleich sind, so ist es eine Kugel; diejenigen Kreise, welche sie halbiren, heifsen gröfste Kreise, die übrigen kleinere. Wenn sechs gleiche Quadrate (ihn einschliefsen) so ist es ein Kubus. Wenn zwei Kreise, die einander gleich und parallel sind, und (aufserdem) eine Fläche, die jene verbindet, (und so beschaffen ist), dafs, wenn eine gerade Linie, die die Peripherieen jener verbindet, herumläuft, sie in jedem Punkte des ganzen Umlaufs berührt, so ist es ein Cylinder (eine Säule), jene beiden (Kreise) seine Grundflächen, und die Linie, welche ihre Mittelpuncte verbindet, seine Axe; steht diese senkrecht auf der Grundfläche, so ist der Cylinder senkrecht, sonst schief. Wenn ein Kreis und eine erhabene fichtenförmige Fläche (ihn einschliefst), die von der Peripherie aus sich zu einem Puncte verengt, (und so beschaffen ist), dafs, wenn eine gerade Linie verbindend herumläuft, diese (die Fläche) berührt in jedem Puncte des Umlaufs, so entsteht ein Kegel, der senkrecht oder schief ist, jener (d. i. der Kreis) ist seine Grundfläche, die Linie, welche sein Centrum mit jenem Punct verbindet, seine Axe. Wenn er geschnitten wird durch eine Ebene, die ihr (der Basis) parallel ist, so heifst das (der Grundfläche) anliegende Stück ein verkürzter Kegel. Wenn die Grundfläche des Kegels und des Cylinders eine eckige Figur ist, so werden aus beiden von ihnen in ähnlicher Art eckige Körper.

Dieses ist die Mehrzahl der gebräuchlichsten Kunstausdrücke in dieser Disciplin.

Erster Abschnitt.

Ausmessung der geradlinigen Figuren.

Was das Dreieck anbelangt, und zwar das rechtwinklige, so multiplicire eine der Katheten in die Hälfte der andern. Im stumpfwinkligen multiplicire die Senkrechte die von ihm (dem stumpfen Winkel) ausgeht auf die Gegenseite, in die Hälfte der Gegenseite, oder umgekehrt. Im spitzwinkligen multiplicire die aus irgend einem Winkel nach der Gegenseite gehende (Senkrechte) ebenso. Man erfährt, zu welcher von diesen drei Klassen (ein gegebenes Dreieck) gehört, wenn man die gröfste seiner Seiten auf das Quadrat erhebt; ist dieses Quadrat gleich den beiden Quadraten der andern Seiten, so ist es rechtwinklig, ist jenes gröfser, so ist es stumpfwinklig, ist es kleiner, so ist es spitzwinklig. Man findet die Höhe, wenn man die gröfste Seite als Basis setzt, und die Summe der beiden kleinern in ihre Differenz multiplicirt, das Product durch jene (die gröfste Seite) dividirt, und den Quotienten von derselben abzieht; dann ist die Hälfte des Restes der Abstand des Fufspuncts der Höhe von dem Endpuncte der kleinsten Seite; ziehe von da eine Linie nach der Spitze, so ist das die Höhe; diese multiplicire in die Hälfte der Basis, so kommt der Flächeninhalt heraus. Unter den Methoden den Flächeninhalt des gleichseitigen (Dreiecks zu finden merke dir die, dafs du) multiplicirst das Quadrat von dem vierten Theil des Quadrats einer Seite in 3, ohne Unterschied; dann ist die Quadratwurzel aus dem Product die Antwort.

Im Quadrat multiplicire eine Seite in sich selbst; im Rechteck, in ihre anliegende; im Rhombus die Hälfte einer Diagonale in die ganze andere. Die übrigen Vierecke theile in je zwei Dreiecke, so ist die Summe der beiden Flächeninhalte gleich dem Flächeninhalt der Summen. Für einige unter ihnen giebt es eigene Methoden, die aber nicht für diese Abhandlung geeignet sind.

Was die Vielecke betrifft, so multiplicire in dem (regelmäfsigen) Sechseck, Achteck und den übrigen von gerader Seitenzahl den halben Durchmesser in die halbe Summe (der Seiten), so ist das Product die Antwort; der Durchmesser aber ist die Linie, welche die Mittelpuncte zweier Gegenseiten verbindet. Alle übrigen werden in Dreiecke getheilt und (dann) gemessen; und das gilt von allen gemeinschaftlich; bei einigen aber hat man Methoden wie bei den Vierecken.

Zweiter Abschnitt.

Ausmessung der übrigen Flächen.

Was den Kreis anlangt, so lege einen Faden um seine Peripherie und multiplicire den halben Durchmesser in die Hälfte jener (Schnur). Oder subtrahire von dem Quadrate des Durchmessers ein Siebentel und ein halbes Siebentel ($\frac{3}{14}$) desselben, oder multiplicire das Quadrat des Durchmessers in 11, und dividire das Product durch 14. Wenn du den Durchmesser mit $3\frac{1}{7}$ multiplicirst, so erhältst du die Peripherie, und wenn du die Peripherie durch dieselbe Zahl dividirst, erhältst du den Durchmesser. In Betreff der beiden Sectoren multiplicire den halben Durchmesser in den halben Bogen. In Betreff der beiden Segmente mache das Centrum bemerklich und vollende sie zu Sectoren, so bildet sich da ein Dreieck; dieses subtrahire zu dem kleinern Sector, so resultirt das kleinere Segment, oder addire es zu dem grössern, so resultirt das gröfsere Segment. Bei dem Monde und dem Hufeisen verbinde ihre Endpuncte durch eine gerade Linie und subtrahire das kleinere (Segment) von dem gröfsern. Die Myrobalane und die Rübe theile in zwei Segmente.

Bei der Kugelfläche multiplicire den Durchmesser in die Peripherie des gröfsten Kreises; oder das Quadrat des Durchmessers in vier, und subtrahire davon drei Vierzehntel des Products. Der Inhalt der (krummen) Oberfläche des Kugelsegments ist gleich dem Inhalt eines Kreises, dessen Halbmesser gleich ist der Linie, die den Pol des Segments mit der Peripherie der Basis verbindet.

Bei der Oberfläche des senkrechten Cylinders multiplicire die Linie, welche parallel der Axe die beiden Grundflächen verbindet, in die Peripherie der Grundfläche.

Bei der Oberfläche des geraden Kegels multiplicire die Linie, welche die Spitze mit der Peripherie der Grundfläche verbindet, in diese halbe Peripherie.

Bei denjenigen Flächen, die hier nicht erwähnt sind, sucht man sich zu helfen durch die erwähnten.

Dritter Abschnitt.

Ausmessung der Körper.

In der Kugel multiplicire ihren halben Durchmesser in ein Drittel ihrer Oberfläche; oder subtrahire von dem Kubus des Durchmessers drei Vierzehntel, von dem Reste ebenso und von dem Reste ebenso.[19]) Bei dem Kugelsegment (ctor) multiplicire den halben Durchmesser der Kugel in ein Drittel der Oberfläche des Sectors.

Bei Cylinder und Prisma jeder Art multiplicire die Höhe in die Fläche der Basis.

Bei dem vollständigen Kegel und der Pyramide jeder Art multiplicire die Höhe in ein Drittel des Inhalts der Basis.

Bei dem abgestumpften Kegel multiplicire den Durchmesser der gröfsern Grundfläche in die Höhe, und dividire das Product durch den Unterschied der Durchmesser beider Grundflächen, so kommt die Höhe des Kegels heraus, als wenn er vollständig wäre. Der Unterschied zwischen der Höhe des vollständigen und des abgestumpften Kegels ist die Höhe des kleinen Kegels, der diesen ergänzt; multiplicire dann ein Drittel derselben in die kleinere Grundfläche, so erhältst du seinen (des kleinen Kegels) Inhalt; diesen subtrahire von dem vollständigen.

Bei der (abgestumpften) Pyramide multiplicire eine Seite der gröfsern Grundfläche in die Höhe und dividire das Product durch den Unterschied zwischen einer Seite (derselben Grundfläche) und einer der kleinern, so erhältst du die Höhe der ganzen (Pyramide), und dann führe die Operation zu Ende.

Die Beweise aller dieser Operationen sind erklärt in meinem gröfsern Buche, welches den Titel führt Ocean der Rechenkunst, zu dessen Vollendung Gott der Erhabene mir beistehen möge.

Siebentes Kapitel.

Über die Anwendung der Mefskunst auf das Nivelliren behufs Anbringung von Wasserleitungen, und auf die Untersuchung der Höhen hoher Gegenstände, der Breite der Flüsse und der Tiefe der Brunnen.

Besteht aus drei Abschnitten.

Erster Abschnitt.

Nivellirung des Bodens behufs der Anbringung von Wasserleitungen.

Mache eine Tafel von Erz oder dergleichen in Gestalt eines gleichschenkligen Dreiecks, und bringe zwischen den Endpuncten ihrer Basis zwei Ringe und in dem Fufspunct der Höhe eine beschwerte Schnur an; dann ziehe sie (die Tafel) mitten auf eine Schnur, und lege deren beide Enden über zwei gerade, gleiche und durch Richtschnüre lothrecht gestellte Hölzer mit Hilfe zweier Männer, die um die Länge der Schnur von einander abstehen; und zwar ist es Gebrauch, dafs die Schnur funfzehn Ellen [20]) und jedes der beiden Hölzer fünf Spannen lang ist. Dann beobachte die Gewichtschnur; trifft diese an die Spitze der Tafel, so sind beide Orte einander gleich; wenn nicht, so rücke die Schnur von der Spitze des einen Holzes herab, soweit bis jene den Winkel trifft; dann ist das Maafs des Herabrückens der Überschufs. Darauf lafs einen der beiden Männer herumgehen nach der Seite hin, nach welcher du nivelliren willst, und merke dir jede positive und negative Abweichung einzeln, und subtrahire (immer) das Kleinere von dem Gröfsern, so ist der Rest der Unterschied (der Höhe) beider Orte. Sind beide gleich, so fliefst das Wasser schwer; wenn nicht, so fliefst es leicht oder gar nicht. — Wenn du willst, so mache eine Röhre, lege sie an die Schnur, und stelle den Versuch mit Wasser an, so hast du nicht nöthig des Loths und der Tafel.

Eine andere Methode. Stelle dich an den ersten Brunnen und stelle das Lineal des Astrolabiums horizontal; dann nimmt ein Anderer eine Stange, deren Länge der Tiefe (des Brunnens) gleich ist, und geht damit weg nach der Seite, nach welcher du das Wasser leiten willst, und richtet sie auf soweit, bis du ihre Spitze durch die Diopteru siehst; da fliefst dann das Wasser auf die Erde. — Wenn die Entfernung so grofs ist, dafs du die Spitze (der Stange) nicht sehen kannst, so bringe daran ein Licht an und operire bei Nacht. — Und Er weifs es besser.

Zweiter Abschnitt.

Untersuchung der Höhe hoher Gegenstände.

Wenn es möglich ist zu dem Fufspunct der Senkrechten zu gelangen und der Boden eben ist, so errichte einen senkrechten Stab und stelle dich so, dafs die Strahlen deines Auges an der Spitze des Stabes vorüber nach der Spitze der Höhe gehen: dann mifs von deinem Standpuncte aus nach dem Fufspunct der Höhe, multiplicire das Ergebnifs in den Überschufs des Stabes über deine Höhe, dividire das Product durch die Entfernung deines Standpuncts von dem Fufs des Stabes und addire zu dem Quotienten deine Höhe, so ist das das Gesuchte.

Eine andere Methode. Lege auf die Erde einen Spiegel, so dafs du die Spitze des hohen Gegenstandes darin sehen kannst; dann multiplicire den Abstand des Spiegels von dem Fufs der Höhe in deine Länge und dividire das Product durch den Abstand des Spiegels von deinem Standpuncte, so ist der Quotient die Höhe.

Eine andere Methode. Errichte einen Stab und untersuche das Verhältnifs seines Schattens zu seiner Länge, so ist eben dieses das Verhältnifs des Schattens der Höhe zu ihr selbst.

Eine andere Methode. Untersuche den Werth (das Maafs) des Schattens zur Zeit, wenn die Höhe der Sonne 45° beträgt, so ist das zugleich das Maafs der Höhe.

Eine andere Methode. Stelle das Lineal des Astrolabiums auf 45° und stelle dich (damit) so, dafs du durch die Dioptern die Spitze der Höhe siehst; mifs dann von deinem Standpunct nach dem Fufs der Höhe und addire zu dem Resultat deine Länge, so ist die Summe das Gesuchte.

Die Beweise dieser Verfahrungsweisen sind dargelegt in meinem grofsen Buche. Auch habe ich zu der letzten Methode einen eleganten Beweis, in dem mir Niemand vorangegangen ist und den ich in meinen Randglossen zu dem Buche: Farsijjat-ol-Astrolabi mitgetheilt habe [21]).

Wenn man aber nicht zu dem Fufspunct der Höhe gelangen kann, z. B. bei einem Berge, so sieh nach der Spitze derselben durch die Dioptern, beobachte auf welcher Schattenlinie das untere Ende des Lineals steht, und bezeichne deinen Standpunct. Dann drehe (das Lineal) um eine Schattenlinie vorwärts oder zurück, und gehe dann vor- oder rückwärts, bis du wieder die Spitze der Höhe siehst. Mifs nun die Entfernung zwischen deinen beiden Standpuncten, und multiplicire dieselbe in 7 oder in 12, je nachdem das Instrument eingetheilt ist [22]).

Dritter Abschnitt.

Untersuchung der Breite der Flüsse und der Tiefe der Brunnen.

Erstens. Stelle dich an das Ufer des Flusses und beobachte sein anderes Ufer durch das Diopterlineal; dann kehre dich um, so dafs du durch dasselbe eine Stelle des Bodens siehst, während das Astrolabium an seinem Platze bleibt; nun ist der Abstand zwischen deinem Standpuncte und jener Stelle des Bodens gleich der Breite des Flusses.

Zweitens. Lege über den Brunnen etwas, welches die Stelle des Durchmessers seines Umkreises vertritt, und wirf irgend etwas Schweres Glänzendes aus der Mitte des Durchmessers herab, nachdem du (die Stelle) bezeichnet hast, damit es vermöge seiner Natur auf den Grund des Brunnens gelange. Dann sieh nach dem glänzenden Gegenstande durch die Diopteru, so dafs deine Gesichtslinie den Durchschnitts-punct des Durchmessers (mit dem Rande des Brunnens) berührt. Nun multiplicire den Abstand zwischen dem Zeichen und dem Durchschnittspunct in deine Höhe, und dividire das Product durch den Abstand des (genannten Durchschnitt-) Punctes von deinem Standpuncte, so ist der Quotient die Tiefe des Brunnens.

Achtes Kapitel.

Aufsuchung der Unbekannten durch die Methode der Algebra.

Besteht aus zwei Abschnitten.

Erster Abschnitt.

Vorbereitungen.

Man nennt die Unbekannte ein Ding (Wurzel), ihr Product in sich selbst Quadrat, (ihr Product) in dieses Kubus, in diesen Quadrato-Quadrat, in dieses Quadrato-Kubus, in diesen Kubo-Kubus und so fort ohne Ende: erst kommen zwei Quadrate, dann wird eins von ihnen ein Kubus, dann beide; daher ist die siebente Stelle Quadrato-Quadrato-Kubus, die achte Quadrato-Kubo-Kubus, die neunte Kubo-Kubo-Kubus und so fort. Diese ganze (Reihe) ist aufsteigend und absteigend proportionirt; es verhält sich also das Quadrato-Quadrat zu dem Kubus, wie der Kubus zu dem Quadrat, wie das Quadrat zur Wurzel, wie die Wurzel zur Einheit, wie die Einheit zum Wurzelbruch, wie der Wurzelbruch zum Quadratbruch.

Wenn du eine Species in eine andere multipliciren willst, so addire, wenn beide auf einer Seite der Einheit liegen, ihre Stellenzahlen (Exponenten); das Product ist dann dieser Summe gleichnamig; z. B. der Quadrato-Kubus in den Quadrato-Quadrato-Kubus; das erste ist vom fünften, das zweite vom siebenten Grade; daher ist das Product der Kubo-Kubo-Kubo-Kubus, viermal, und zwar (steht es) an der zwölften (Stelle). Wenn sie auf verschiedenen Seiten (der Einheit liegen), so ist das Product vom Grade des Überschusses (und zwar) auf der Seite, die den Überschufs enthält; z. B. der Quadrato-Quadratbruch in den Quadrato-Kubus giebt zum

Product die Wurzel, und der Kubo-Kubo-Kubusbruch in den Quadrato-Quadrato-Kubus giebt den Quadratbruch. Findet kein Überschufs statt, so ist das Product der Einheit gleichnamig. Die genauere Erklärung der Methoden der Division, der Wurzelausziehung und der übrigen Operationen werden für mein gröfseres Buch aufgespart. — Da aber die algebraischen Operationen, zu welchen die Forschungen der Gelehrten gelangt sind, durchaus auf sechs beschränkt sind, und ihre Behandlung sich nur erstreckt auf die Zahl, die Wurzeln und die Quadrate [23]), und folgende Tabelle zur Auffindung der Resultate der Multiplication und Division derselben dient, so habe ich sie zur Erleichterung und Abkürzung aufgenommen; ihre Gestalt ist diese:

Multiplicandus

Dividendus	Quadratbruch	Wurzelbruch	Einheit	Wurzel	Quadrat	Multiplicator
Quadrat	Einheit	Wurzel	Quadrat	Kubus	Quadrato-Quadrat	Quadrat
Wurzel	Wurzelbruch	Einheit	Wurzel	Quadrat	Kubus	Wurzel
Einheit	Quadratbruch	Wurzelbruch	Einheit	Wurzel	Quadrat	Einheit
Wurzelbruch	Kubusbruch	Quadratbruch	Wurzelbruch	Einheit	Wurzel	Wurzelbruch
Quadratbruch	Quadrato-Quadratbruch	Kubusbruch	Quadratbruch	Wurzelbruch	Einheit	Quadratbruch
	Quadrat	Wurzel	Einheit	Wurzelbruch	Quadratbruch	

Divisor

Multiplicire die Coefficienten beider Species in einander, so ist das Product der Coefficient des Products (und zwar) von dem Grade, welcher da steht, wo beide Factoren sich begegnen.

Wenn eine Subtraction statt findet, so heifst das, von dem etwas subtrahirt ist, positiv, das Subtrahirte dagegen negativ. Die Multiplication des Positiven in seines Gleichen und des Negativen in seines Gleichen giebt Positives; (die Multiplication) von Verschiedenartigem Negatives. Multiplicire die Glieder jedes in jedes, und subtrahire das Negative von dem Positiven. Z. B. $10 + x$ multiplicirt in $10 - x$ giebt $100 - x^2$; und $5 - x$ in $7 - x$ giebt $35 + x^2 - 12x$; und $4x^2 + 6 - 2x$ in $3x - 5$ giebt $12x + 28x - (26x^2 + 30)$.

Bei der Division suche dasjenige, was, wenn du es multiplicirst in den Divisor, gleich wird dem Dividendus; darum dividire den Coefficienten des Dividendus durch den Coefficienten des Divisors, so ist das der Coefficient des Quotienten von demjenigen Grade, welcher steht, wo sich Dividendus und Divisor begegnen.

Zweiter Abschnitt.

Über die sechs algebraischen (Formen).

Die Aufsuchung unbekannter Gröfsen vermittelst der Algebra erfordert einen scharfen Blick, eine treffende Klugheit, Anstrengung des Nachdenkens in Betreff dessen, was der Frager gegeben hat, und eine klare Einsicht in die Dinge, welche die Auffindung des Gesuchten erleichtern.

Setze die gesuchte Zahl als Wurzel (x), und thue mit ihr, was die Aufgabe vorschreibt, auf diese Weise fortfahrend, um auf eine Gleichung zu gelangen. Die Seite, welche eine Negation enthält, wird ergänzt, und das dieser Gleiche auf der andern addirt, und das heifst Al-g'ebr; die homogenen und gleichen Glieder auf beiden Seiten werden ausgeworfen aus beiden, und das heifst Al-mokabalah. Dann besteht die Gleichung entweder zwischen einem Gliede und einem Gliede, und dieser (Fall) hat drei Formen, welche einfache genannt werden; oder zwischen einem Gliede und zwei Gliedern, und auch dieser (Fall) hat drei Formen, welche zusammengesetzte heifsen.

Die erste von den einfachen Formen. Eine Zahl ist gleich Wurzeln. Dividire jene durch den Coefficienten dieser, so ist das Resultat die unbekannte Gröfse. Z. B. (Jemand) hat versprochen dem Zaid 1000 und die Hälfte von dem, was er dem Amru, und dem Amru 1000 weniger der Hälfte dessen, was er dem Zaid. Setze die Unbekannte x, so hat Amru $1000 - \frac{1}{2}x$, also Zaid $1000 + 500 - \frac{1}{4}x$, (und das ist) gleich x. Nach (Anwendung) des Algebr ist 1500 gleich $(2 + \frac{1}{4})x$; also hat Zaid 1200 und Amru 400.

Die zweite. Wurzeln sind gleich Quadraten. Dividire den Coefficienten der Wurzeln durch den Coefficienten der Quadrate, so ist der Quotient die unbekannte Gröfse. Beispiel. Kinder haben den Nachlafs ihres Vaters sich angeeignet, der in einer Anzahl Dinare bestand, so dafs der Erste einen Dinar bekam, der Zweite zwei, der Dritte drei und so fort, Jeder einen mehr. Der Richter verlangte zurück, was sie genommen hatten, und vertheilte es unter sie zu gleichen Theilen: da trafen jeden Einzelnen sieben (Dinare). Wieviel Kinder und wieviel Dinare? Setze die Anzahl der Kinder x, nimm die beiden äufsern Glieder, nämlich 1 und x, und multiplicire (ihre Summe) in $\frac{1}{2}x$, so kommt heraus $\frac{1}{2}x^2 + \frac{1}{2}x$, und das ist die Zahl der Dinare; denn das Product der Summe der Einheit und irgend einer Zahl in die Hälfte dieser Zahl ist gleich der Summe der natürlichen Zahlen von 1 bis zu dieser (Zahl). Nun dividire die Zahl der Dinare durch x, die Anzahl (der Kinder), so mufs 7 herauskommen, wie der Aufgabesteller gesagt hat. Dann multiplicire 7 in x, den Divisor, so kommt heraus $7x$ gleich $\frac{1}{2}x^2 + \frac{1}{2}x$, und nach (Anwendung) des Algebr und Almokabalah $x^2 = 13x$, daher ist x gleich 13 und das ist die Anzahl der Kinder; multiplicire diese in 7, so sind der Dinare 91. — Du kannst auch diese und ähnliche (Aufgaben) durch zwei falsche Sätze auflösen; setzest du z. B. die Anzahl der Kinder 5, so ist die erste Abweichung um 4 zu klein; dann (setze) 9, so ist die zweite 2 ebenfalls zu klein; das erste Resultat ist 10, das zweite 36, ihr Unterschied 26 und der Unterschied der Abweichungen 2. — Hier aber ist ein anderer Weg leichter und kürzer, der nämlich, dafs man den Quotienten verdoppelt, so ist das Resultat weniger 1 die Anzahl der Kinder.[24])

Die dritte. Eine Zahl ist gleich Quadraten. Dividire jene durch den Coefficienten dieser, so ist die Quadratwurzel aus dem Quotienten die unbekannte Zahl. Beispiel. Er hat dem Zaid die gröfsere von zwei Geldsummen versprochen, deren Summe 20 und deren Product 96 ist. Setze eine von beiden $10 + x$, die andere $10 - x$, so ist ihr Product $100 - x^2$ und das ist gleich 96. Nach (Anwendung) des Algebr und Almokabalah ist x^2 gleich 4 und x gleich 2; also eine der Summen 8, die andere 12, und das ist die gesuchte, die er ihm versprochen hat.

Die erste von den zusammengesetzten Formen. Eine Zahl ist gleich Wurzeln und Quadraten. Ergänze das Quadrat zu einem ganzen, wenn es kleiner ist, und reducire es auf ein einziges, wenn es gröfser ist, und verändere die Zahl und die Wurzeln in demselben Verhältnifs, indem du alle Glieder durch den Coefficienten der Quadrate dividirst. Dann erhebe die Hälfte des Coefficienten der Wurzeln aufs Quadrat, addire dazu die Zahl, und subtrahire von der Wurzel der Summe den halben Coefficienten der Wurzeln, so ist der Rest die unbekannte Zahl. Beispiel. Er hat dem Zaid (einen solchen Theil) von 10 versprochen, dafs die Summe seines Quadrats und seines Products in die Hälfte des andern Theils (zusammen) 12 ausmacht. Setze (den ersten Theil) x, so ist sein Quadrat x^2, und die Hälfte des andern Theils $5 - \frac{1}{2}x$, und das Product dieser Gröfse in x ist $5x - \frac{1}{2}x^2$;

daher ist $\frac{1}{2}x^2 + 5x$ gleich 12, also $x^2 + 10x$ gleich 24. Wir subtrahiren den halben Coefficienten von x von der Quadratwurzel aus der Summe des Quadrats des halben Coefficienten von x und der Zahl, so bleibt 2 übrig, und das ist der gesuchte Theil, der ihm versprochen war.

Die zweite. Wurzeln sind gleich einer Zahl und Quadraten. Nach der Ergänzung oder Reduction subtrahire die Zahl von dem Quadrat des halben Coefficienten der Wurzeln, und addire die Quadratwurzel des Restes zu dem halben Coefficienten oder subtrahire sie von diesem, so ist das Resultat die gesuchte Zahl. Beispiel. Eine Zahl wird multiplicirt in ihre Hälfte, und zu dem Product wird 12 addirt, und es kommt die fünffache Zahl heraus. Multiplicire x in seine Hälfte, so ist $\frac{1}{2}x^2 + 12$ gleich $5x$, also $x^2 + 24$ gleich $10x$; subtrahire 24 von dem Quadrat von 5, so bleibt 1 übrig, dessen Wurzel auch 1 ist; wenn du dieses addirst zu 5 oder davon subtrahirst, so resultirt die gesuchte Zahl.

Die dritte. Quadrate sind gleich einer Zahl und Wurzeln. Nach der Ergänzung oder Reduction addire das Quadrat des halben Coefficienten der Wurzeln zu der Zahl, und die Quadratwurzel der Summe zu dem halben Coefficienten der Wurzeln, so ist diese Summe die gesuchte Zahl. Beispiel. Was ist es für eine Zahl, welche, wenn man sie subtrahirt von ihrem Quadrat, und den Rest zu dem Quadrat addirt, 10 giebt. Wir subtrahiren x von x^2, und thun weiter was verlangt wird, so kommt heraus $2x^2 - x$ gleich 10. Nach (der Anwendung) des Algebr und der Reduction wird x^2 gleich $5 + \frac{1}{2}x$. Das Quadrat des halben Coefficienten der Wurzeln addirt zu 5 giebt $5\frac{1}{16}$, die Wurzel daraus ist $2\frac{1}{4}$, zu ihr addire $\frac{1}{4}$, so kommt heraus $2\frac{1}{2}$, und das ist die gesuchte Zahl.

Neuntes Kapitel.

Ausgezeichnete Regeln und subtile Kunstgriffe, die der Rechner nicht vermeiden und deren er nicht entbehren kann.

Ich habe mich in diesem Compendium auf zwölf beschränkt.

Die erste (eine von denen, welche durch meinen schwachen Geist geoffenbart sind). Wenn du das Product einer Zahl in sich selbst und in die Summe aller vorhergehenden suchst, so addire zu ihr die Einheit und multiplicire die Summe in das Quadrat jener Zahl; dann ist das halbe Product die gesuchte Zahl. Beispiel: Wir suchen das Product von 9 in der erwähnten Weise; wir multipliciren 10 in 81, so ist 405 das Gesuchte.

Die zweite. Wenn du suchst die Summe der ungeraden Zahlen in ihrer natürlichen Reihenfolge, so addire 1 zu der letzten ungeraden und quadrire die Hälfte dieser Summe. Beispiel: die Summe der ungeraden von 1 bis 9 ist 25.

Die dritte. Die Summe der geraden mit Übergehung der ungeraden (findest du, wenn) du multiplicirst die Hälfte der letzten geraden in die um 1 gröfsere Zahl. Beispiel: Von 2 bis 10; wir multipliciren 5 in 6.

Die vierte. Die Summe der Quadrate nach der Reihe: addire 1 zu dem Doppelten der letzten Zahl und multiplicire ein Drittel der Summe in die Summe dieser Zahlen. Beispiel: Die Quadrate von 1 bis zu (dem von) 6; wir addiren zu dem Doppelten (von sechs) die Einheit; ein Drittel der Summe ist $4\frac{1}{3}$; dieses multiplicire in die Summe dieser Zahlen, nämlich in 21, so ist 91 das Resultat.

Die fünfte. Die Summe der Kubi nach der Reihe: quadrire die Summe der Zahlen selbst nach der Reihe von 1 an. Beispiel: Die Kubi von 1 bis (zu dem von) sechs; wir quadriren 21, so ist 441 die Antwort.

Die sechste. Wenn du das Product der Quadratwurzeln zweier Zahlen suchst, die entweder beide rational, oder beide irrational, oder verschiedenartig sind, so multiplicire die Zahlen in einander, dann ist die Quadratwurzel aus dem Resultat das Gesuchte. Beispiel: Das Product der Quadratwurzeln aus 5 und aus 20 ist die Quadratwurzel aus 100.

Die siebente. Wenn du die Quadratwurzel aus einer Zahl durch die Quadratwurzel aus einer andern dividiren willst, so dividire die Zahlen durch einander, dann ist die Quadratwurzel aus dem Quotienten das Gesuchte. Beispiel. Die Wurzel aus 100 durch die Wurzel aus 25 (dividirt) giebt die Wurzel aus 4.

Die achte. Wenn du eine vollkommene Zahl finden willst, das heifst eine solche, welche ihren Theilen gleich ist (oder welche die Summe der Theile ist, welche sie messen), so addire die von der Einheit nach (dem Gesetz) der (stetigen) Verdoppelung fortschreitenden Zahlen; wenn dann die Summe von keiner Zahl aufser der Einheit gemessen wird, so multiplicire dieselbe in die letzte (der addirten Zahlen); dann ist das Product eine vollkommene Zahl. Beispiel: Wir addiren 1, 2 und 4, und multipliciren 7 in 4, so ist 28 eine vollkommene Zahl.[25])

Die neunte. Wenn du eine Quadratzahl finden willst, welche sich zu ihrer Wurzel verhält, wie eine gegebene Zahl zu einer andern, so dividire die erste (der gegebenen) durch die zweite; dann ist das Quadrat des Quotienten das Gesuchte. Beispiel: Ein Quadrat (zu finden), das sich verhält zu seiner Wurzel, wie 12 zu 4; das Resultat, nachdem du 12 durch 4 dividirt hast, ist 9. Wäre gesagt worden: wie 12 zu 9, so wäre die Antwort: $1\frac{7}{9}$, weil die Wurzel davon $1\frac{1}{3}$ ist.

Die zehnte. Wenn man irgend eine Zahl in eine andere multiplicirt, dann (die Zahl) durch dieselbe dividirt, darauf das Product in den Quotienten multiplicirt, so ist das

Resultat gleich dem Quadrat jener Zahl. **Beispiel**: Wir multipliciren das Product von 9 in 3 in den Quotienten, der aus der Division jener (Zahl) durch diese hervorgeht, so kommt 81 heraus.

Die elfte. Die Differenz zwischen je zwei Quadraten ist gleich dem Product (der Summe) der Wurzeln in den Unterschied der Wurzeln. **Beispiel**: Die Differenz zwischen 16 und 36 ist 20; ihre Wurzeln (zusammengenommen) sind 10, und der Unterschied derselben 2.

Die zwölfte. Wenn man von irgend zwei Zahlen jede durch die andere dividirt, und die Quotienten in einander multiplicirt, so ist das Product allemal die Einheit. **Beispiel**: Der Quotient, wenn man 12 durch 8 dividirt, ist $1\frac{1}{2}$, und der umgekehrte $\frac{2}{3}$; das Product beider ist 1.

Und Er sei der Helfer zur Vollendung.

Zehntes Kapitel.

Zerstreute Aufgaben nach verschiedenen Methoden, welche den Geist des Lernenden schärfen und ihn befestigen in der Aufsuchung der Unbekannten.

Erste Aufgabe.

Eine Zahl ist verdoppelt, dazu 1 addirt, die Summe in 3 multiplicirt, dazu 2 addirt, diese Summe in 4 multiplicirt, und dazu 3 addirt; es kommt 95 heraus.

Durch Algebra. Wir thun, was erfordert wird, so kommt heraus $24x + 23$ gleich 95. Nach Abwerfung des Gemeinschaftlichen werden die $(24)x$ gleich 72; und dieses ist die erste der einfachen Formen; der Quotient ist 3, und das ist die gesuchte Zahl.

Durch den falschen Ansatz. Wir nehmen 2 an; dann weichen wir um 24 zu wenig ab; darauf 5, so (weichen wir ab) um 48 zu viel. Das erste Resultat ist 96, das zweite 120; wir dividiren (die Summe) beider durch die Summe der Abweichungen; der Quotient ist 3.

Durch Umkehrung. Wir subtrahiren 3 von 95, und führen die Operation dahin, dafs wir 21 durch 3 dividiren, von 7 eins subtrahiren und den Rest halbiren.

Zweite Aufgabe.

Wenn gesagt wird: Theile 10 in zwei Theile, deren Unterschied 5 ist.

Durch Algebra. Setze den kleinern (Theil) x, so ist der gröfsere $x + 5$ und ihre Summe $2x + 5$ ist gleich 10; nach (Anwendung) der Mokabalah ist also x gleich $2\frac{1}{2}$.

Durch falschen Ansatz. Wir nehmen den kleinern (Theil) 3 an, so ist die erste Abweichung 1 zu klein; darauf (nehmen wir an) 4, so ist die zweite Abweichung 3 zu klein; der Unterschied der Resultate ist 5, und der der Abweichungen 2.

Durch Umkehrung. Da der Unterschied zwischen den beiden Theilen einer Zahl doppelt so grofs ist als der Unterschied zwischen der halben Zahl und jedem Theil, so wird, wenn du die Hälfte dieses Unterschiedes zu der halben (Zahl) addirst, $7\frac{1}{2}$ herauskommen; und wenn du jenen von dieser subtrahirst, bleibt $2\frac{1}{2}$.[26])

Dritte Aufgabe.

Wir addiren zu einer Summe Geldes ihr Fünftel und fünf Dirhem, und subtrahiren von dem was herauskommt sein Drittel und fünf Dirhem, so bleibt nichts übrig.

Durch Algebra. Setze die Summe Geldes x, und subtrahire von $1\frac{1}{5}x + 5$ ein Drittel dieser Summe, so bleibt $\frac{4}{5}x + 3\frac{1}{3}$; wenn hievon 5 subtrahirt wird, so bleibt nichts übrig; daher ist dieses gleich 5. Nach Abwerfung des Gemeinschaftlichen ist $\frac{4}{5}x$ gleich $1\frac{2}{3}$. Dividire demnach $1\frac{2}{3}$ durch $\frac{4}{5}$, so ist der Quotient $2\frac{1}{12}$ und das ist die gesuchte Zahl.

Durch falschen Ansatz. Wenn wir 5 annehmen, ist die erste Abweichung $2\frac{1}{3}$ zu grofs; wenn 2, so ist die zweite Abweichung $\frac{1}{15}$ zu klein. Daher ist das erste Resultat $\frac{1}{3}$, das zweite $4\frac{2}{3}$: wenn wir ihre Summe dividiren durch die Summe der Abweichungen, nämlich $2 + \frac{1}{3} + \frac{1}{15}$, das ist $2\frac{2}{5}$, (so ist der Quotient) $2\frac{1}{12}$.

Durch Umkehrung. Nimm die 5, nach deren Subtraction kein Rest blieb, und addire dazu ihre Hälfte, weil $\frac{1}{3}$ das Subtrahirte war; dann subtrahire von der Summe 5 und von diesem Rest sein Sechstel, weil $\frac{1}{5}$ das Addirte war.[27])

Vierte Aufgabe.

In ein Gefäfs führen vier Röhren, deren eine es füllt in einem Tage, und jede folgende in einem Tage mehr. In wieviel (Zeit) wird es gefüllt?

Durch Proportion. Es ist kein Zweifel, dafs die vier (Röhren) in einem Tage zwei dem vorigen gleiche Gefäfse füllen und aufserdem noch $\frac{1}{12}$. Daher verhalten sich diese (1 Tag und $2\frac{1}{12}$ Gefäfs) zu einander wie die gesuchte Zeit zu dem Gefäfse. Die Unbekannte ist als eins der Mittelglieder; dividire demnach 1 durch $2\frac{1}{12}$, (so ist der Quotient) $\frac{2}{5}+\frac{2}{25}$ $(=\frac{12}{25})$, da der Divisor $\frac{25}{12}$ und der Dividendus $\frac{12}{12}$ ist. [28])

Auf andere Weise. Die vier füllen in einem Tage ein Gefäfs, welches 25 Theile enthält, von denen das erste (Gefäfs) 12 enthält; und jeder Theil wird gefüllt in einem Theil des Tages; daher wird das erste Gefäfs gefüllt in 12 Theilen von den 25 Theilen eines Tages.

Wäre noch gesagt: Und zu gleicher Zeit wird nach unten eine Röhre geöffnet, welche (das Gefäfs) in 8 Tagen ausleert, so ist kein Zweifel, dafs die vierte Röhre jetzt in einem Tage $\frac{1}{8}$ des Gefäfses füllen wird; die vier Röhren also füllen in einem Tage ein dem ersten gleiches Gefäfs und $\frac{23}{24}$ desselben. Es verhält sich also ein Tag zu dieser Zahl $(1\frac{23}{24})$ wie die gesuchte Zeit zu dem Gefäfs. Dividire also das Product der äufsern Glieder durch das Mittelglied, (so ist der Quotient) $\frac{24}{47}$.

Auf die andere Weise. Die vier füllen in einem Tage ein Gefäfs, welches 47 Theile hat, von denen auf das erste Gefäfs 24 kommen. Das Übrige ist klar.

Fünfte Aufgabe.

Von einem Fische steckt ein Drittel im Sumpf und ein Viertel im Wasser, und drei Spannen lang ragt er (aus dem Wasser) hervor; wieviel Spannen ist er lang?

Durch Proportion. Subtrahire die beiden Nenner von ihrem gemeinschaftlichen Nenner, so bleibt 5; und es verhält sich 12 zu 5 wie die Unbekannte zu 3; und der Quotient, wenn man das Product der äufsern Glieder durch das Mittelglied dividirt, ist $7\frac{1}{5}$, und das ist das Gesuchte. [29])

Durch Algebra ist es klar; denn du setzest x weniger $\frac{1}{3}x$ und $\frac{1}{4}x$, das ist, $(\frac{1}{4} + \frac{1}{6})x$ gleich 3; dann dividire 3 durch den Bruch, so kommt das vorige Resultat heraus.

Durch falschen Ansatz ist es ganz klar; denn du setzest 12, darauf 24, so ist die Differenz der Resultate 36 uud die Differenz der Abweichungen 5.

Durch Umkehrung. Addire zu 3 seines Gleichen und $\frac{2}{5}$ davon, weil $\frac{1}{3}$ und $\frac{1}{4}$ jeder Zahl gleich ist dem was noch übrig ist, und $\frac{2}{5}$ davon. (d. h. $\frac{7}{12} = \frac{5}{12} + \frac{2}{5} \cdot \frac{5}{12}$).

Hiemit vergleiche ähnliche Aufgaben, indem du betrachtest das Verhältnifs zwischen den subtrahirten Brüchen und dem, was übrig bleibt von dem Generalnenner, und addirst zu der Zahl, welche der Aufgabesteller gegeben hat, das, was dieses Verhältnifs erfordert. Dieses letzte Verfahren gehört zu den Eigenthümlichkeiten dieser Abhandlung.

Sechste Aufgabe.

Zwei Männer waren bei dem Verkaufe eines Pferdes zugegen. Da sprach einer von ihnen zu dem andern: Giebst du mir ein Drittel von dem, was du hast, zu dem, was ich habe, dann habe ich den Preis (für das Pferd); der andere sagte: Giebst du mir zu dem, was ich habe, ein Viertel von dem, was du hast, so habe ich den Preis. Wieviel hatte Jeder von ihnen und wie hoch war der Preis?

Durch Algebra. Setze, was der Erste hat, x, was der Zweite hat, 3, wegen des Drittels; wenn nun der Erste von diesem 1 nimmt, so hat er $x + 1$, und das ist der Preis; wenn aber der Zweite erhält, was er verlangt hat, so hat er $3 + \frac{1}{4}x$ (und das ist) gleich $x + 1$. Nach Anwendung der Mokabalah wird 2 gleich $\frac{3}{4}x$ und x gleich $2\frac{2}{3}$; der Zweite hatte, wie gesagt, 3; der Preis ist also $3\frac{2}{3}$. Wenn du statt der Brüche ganze Zahlen nimmst, so hat der Erste 8, der Zweite 9, und der Preis ist 11.

Diese Aufgabe ist unbestimmt, und um diese und ähnliche zu lösen, giebt es eine leichte Methode, die nicht zu den bekannten gehört; sie besteht darin, dafs du von dem Product der Nenner der beiden Brüche in jedem Falle 1 subtrahirst; dann bleibt als Rest der Preis des Thieres; darauf (subtrahire) einen der Nenner, so bleibt, was der Eine hat: und den andern (Nenner), so bleibt, was der Zweite hat. In dem Beispiel subtrahire von 12 erst 1, dann 4, dann 3, so sind die Reste die drei gesuchten Zahlen.[10])

Siebente Aufgabe.

Drei Becher sind gefüllt, einer mit 4 Pfund Honig, ein anderer mit 5 Pfund Essig, ein dritter mit 9 Pfund Wasser. (Die drei Substanzen) werden ausgeschüttet in ein Gefäfs und gemischt zu Sauerhonig[11]); damit werden dann die Becher wieder gefüllt; es fragt sich, wieviel in jedem von jeder Sorte sein wird.

Addire die Gewichte, und merke dir die Summe; dann multiplicire (die Anzahl Pfunde) welche in jedem (Becher) sich befinden, in jedes der drei Gewichte, und dividire das Product durch jene im Sinne behaltene (Summe); so ist der Quotient (das Gewicht) des in dem (Becher befindlichen) von der Sorte des Multiplicators.[12]) Multiplicire also 4 in sich selbst, und dividire das Product, wie oben gesagt ist, so sind in dem vierpfündigen (Becher) $\frac{8}{9}$ Pfund Honig; dann (multiplicire 4) in 5 u. s. w., so sind in demselben $1\frac{1}{9}$ Pfund Essig; dann in 9 u. s. w., so sind in demselben 2 Pfund Wasser, und alles zusammen macht 4 Pfund. Darauf multiplicire 5 in sich selbst, in 4 und in 9, und thue wie gelehrt ist, so befinden sich in dem fünfpfündigen (Becher) $1\frac{7}{18}$ Pfund Essig, $1\frac{1}{9}$ Pfund Honig und $2\frac{1}{2}$ Pfund Wasser, zusammen 5 Pfund. Endlich verfahre ebenso mit der 9, so befinden sich in dem neunpfündigen (Becher) 2 Pfund Honig, $2\frac{1}{2}$ Pfund Essig und $4\frac{1}{2}$ Pfund Wasser, zusammen 9 Pfund.

Achte Aufgabe.

Jemand wurde gefragt, wieviel von der Nacht verflossen sei. Er antwortete: Ein Drittel der verflossenen Zeit ist gleich einem Viertel der noch übrigen. Wieviel war verflossen und wieviel noch übrig?

Durch Algebra. Setze die verflossene Zeit x, so ist die übrige $12 - x$; daher ist $\frac{1}{3}$ der verflossenen Zeit gleich $3 - \frac{1}{4}x$. Nach Anwendung des Gebr ist $\frac{1}{3} + \frac{1}{4}$ der verflossenen Zeit gleich 3. Der Quotient ist $5\frac{1}{7}$, und das ist die Anzahl der verflossenen Stunden; der Rest beträgt also $6\frac{6}{7}$ Stunden.

Durch Proportion. Setze die verflossene Zeit x, die übrige 4 Stunden wegen des Viertels; dann ist $\frac{1}{3}x$ gleich einer Stunde, also x gleich 3 Stunden, und die Summe 7. Nun verhält sich 3 zu 7, wie die unbekannte Zahl zu 12. Dividire also das Product der äufsern Glieder durch das Mittelglied, so ist der Quotient $5\frac{1}{7}$.

Neunte Aufgabe.

Eine Stange steckt in einem Teiche und ragt aus dem Wasser fünf Ellen hervor. Sie neigt sich, indem ihr unteres Ende fest stehen bleibt, bis ihre obere Spitze die Fläche des Wassers berührt; und ist die Entfernung zwischen der Stelle, an der sie aus dem Wasser hervorragte, und der Stelle, wo ihre Spitze das Wasser berührt, zehn Ellen. Wie lang ist die Stange?

Durch Algebra. Setze das im Wasser verborgene Stück x, so ist die Stange $5 + x$; und es ist klar, dafs sie nach ihrer Niederneigung die Hypotenuse eines rechtwinkligen Dreiecks ist, dessen eine Kathete 10 Ellen, und die andere das Maafs des im Wasser steckenden Stücks, nämlich x ist. Daher ist das Quadrat der Stange, nämlich $25 + x^2 + 10x$, gleich den Quadraten von 10 und von x, nämlich $100 + x^2$, nach dem bekannten Satze[33]). Nach Abwerfung des Gemeinschaftlichen bleibt $10x$ gleich 75, und der Quotient ist $7\frac{1}{2}$ und das ist das Maafs des im Wasser steckenden Theils. Die Stange ist also $12\frac{1}{2}$ Elle lang.

Für die Auflösung dieser und ähnlicher Aufgaben giebt es noch andere Methoden, welche du sammt ihren Beweisen in meinem gröfsern Buche suchen magst, zu dessen Vollendung Gott der erhabene mir beistehen möge.

Schlufs.

Es sind den Gelehrten, welche in dieser Disciplin fest sind, Aufgaben begegnet, auf deren Auflösung sie ihr Nachdenken gerichtet, und auf deren Aufsuchung sie ihre Augen gewandt haben; sie haben sich an die Aufhebung ihres Schleiers mit allen Kunstgriffen gemacht, und um die Enthüllung ihres Vorhanges durch jedes Mittel bemüht; aber sie konnten keinen Weg dahin entdecken und fanden zu ihnen keinen Wegweiser und keinen Führer. Diese sind seit alter Zeit als unauflösbar übrig, sich empörend gegen alle Genies bis zu dieser Frist. Die Gelehrten von Fach haben einige von ihnen in ihren Schriften erwähnt, und in ihren Sammlungen einen Theil derselben vorgelegt, um darzuthun, welche abschreckende Schwierigkeiten diese Wissenschaft umfafst, und um diejenigen, welche absolute Ausführbarkeit in Sachen des Calculs sich anmafsen, zum Schweigen zu bringen, um die Rechner zu warnen, dafs sie sich nicht um die Auflösung bemühen, wenn etwas dieser Art ihnen vorgelegt wird, und um die mit glänzenden Fähigkeiten Begabten zu ihrer Auflösung und Enthüllung anzuspornen. Auch ich führe in dieser Abhandlung sieben von ihnen als Muster auf, um den Spuren Jener zu folgen und in ihre Fufsstapfen zu treten. Es sind folgende:

1. Zehn in zwei Theile zu theilen, so dafs, wenn man zu jedem seine Quadratwurzel addirt und die beiden Summen in einander multiplicirt, eine angenommene Zahl herauskommt [34]).

2. Wenn man zu einem Quadrat 10 addirt, so soll die Summe eine Wurzel haben, und wenn man 10 davon subtrahirt, so soll der Rest eine Wurzel haben [35]).

3. Dem Zaid ist 10 weniger der Quadratwurzel aus dem Antheil Amru's und dem Amru 5 weniger der Quadratwurzel aus dem Antheil Zaid's versprochen worden [36]).

4. Eine Kubikzahl soll in zwei Theile getheilt werden, die auch Kubikzahlen sind[37]).

5. Zehn ist in zwei Theile getheilt. Wenn wir jeden von ihnen durch den andern dividiren, und die Quotienten addiren, so ist die Summe gleich einem der beiden Theile der Zehn[38]).

6. Drei Quadrate in stetiger Proportion, deren Summe ein Quadrat ist[39]).

7. Wenn man zu einem Quadrat seine Wurzel und 2 addirt, und darauf seine Wurzel und zwei von demselben subtrahirt, so soll aus der Summe und dem Reste sich die Wurzel ziehen lassen[40]).

Wohlan denn, wisse, o Bruder, du edler, der du nach den Kostbarkeiten der Aufgaben Verlangen hast, wahrlich, ich biete dir dar in dieser Abhandlung, die zwar klein, aber eine edle Perle aus den Brautgeschmeiden der Rechnungsregeln ist, was bis jetzt weder in einer Abhandlung noch in einem Buche vereinigt gewesen; darum erkenne ihren Werth an, und schmälere nicht ihr Brautgeschenk; schütze sie gegen Jeden, der nicht zu ihrer Familie gehört, und schicke sie zu Niemanden, als zu dem, der ihr Gemahl zu werden wünscht; gieb sie nicht einem schmutzigen Freier, damit du nicht Perlen hängest an die Nacken der Hunde. Wahrlich, die Mehrzahl ihrer Aufgaben ist werth der Aufbewahrung und der Pflege, und verdient verheimlicht zu werden vor den meisten Menschen dieser Zeit. Halte mein Vermächtnifs an dich fest, so wird Gott an dir fest halten. Lob sei dem Herrn, der die Vollendung begünstigt und zum Schlufs geholfen hat.

Anmerkungen.

1) Von den Wortspielen, welche hier mit den Worten جمع Summe, عدد Zahl, تضاعيف Fortsetzung und Verdoppelung, قسمة Theilung, Division, حساب Rechnung und Rechenschaft getrieben werden, habe ich eines nicht wiedergeben können; الاربعة المتناسبة sind hier im Zusammenhange die vier unter einander nahe Verbundenen, Verwandten aus der Familie des Propheten, nämlich seine Tochter Fatimah, ihr Gemahl Ali, und deren beide Söhne Hasan und Hosain; in der mathematischen Kunstsprache aber bedeutet der Ausdruck die vier Glieder der Proportion. Übrigens geht aus dieser Auszeichnung der vier genannten Personen hervor, daſs der Verfasser der Secte der Schiiten angehörte. Ruschen Ali sagt über diese Worte des Textes: خصوصا بر چهار کس که باهم نسبت دارند وصاحبان گلیم سیادت اند واین کنایت است از حضرات علی وفاطمه وحسن وحسین علیه وعلیهم السّلام „besonders für die Viere, welche mit einander verwandt und die Inhaber des Herrschermantels sind; und dieses ist eine Anspielung auf die Verehrung Ali's, Fatimah's, Hasan's und Hosain's; über ihn und über sie alle komme Heil!"

2) Die Inhaber des Herrschermantels. Ich kann über die historische Bedeutung dieser Worte keinen Aufschluſs geben, wenn sie anders mehr sagen sollen, als daſs Ali und seine Söhne von den Schiiten als die rechtmäſsigen Nachfolger des Propheten angesehen werden. Es scheint aber mehr darin zu liegen; der Scholiast sagt kurz: وقصّهٔ نزول گلیم سیادت چندان معلوم عام وخاص است که محتاج به بیان نیست „die Erzählung von dem Herabsteigen des Herrschermantels ist „so bekannt bei Jedermann, daſs sie keiner Erklärung bedarf."

3) Der Verfasser will offenbar sagen, daſs, so wie er den Stoff zu seinem Werke aus ältern Büchern gezogen habe, so die Methode, die er befolgt, künftigen, späteren Werken zum Vorbilde dienen werde. Ruschen Ali führt hier einige Büchertitel an, und zwar unter den früheren Werken vor Beha-eddin شمسيّة رساله بهائيّه und seine Commentare, unter den späteren تلخيص الحساب und مفتاح الحساب, الحساب. Wenn er unter dem erstgenannten eben dieses Werk Beha-eddins verstanden hat, was der Titel Abhandlung des Beha anzudeuten scheint, so verstehe ich ihn nicht.

4) Ruschen Ali pag. 5: بدانكه علم حساب دوگونه است يكى نظرى وآن علميست كه در آن بحث كرده شود از اعراض ذاتيه مر عدد را واين علم را ارثماطيقى نامند بزبان يونان دوم عملى وآن علميست كه از آن در يافت شود كه چگونه مجهولات عدديه را از معلومات عدديه استخراج كنند ومصنف تعريف قسم دوم كرد. und gleich dahinter zu den Worten des Textes وموضوعه العدد heiſst es: وموضوع علم حساب يعنى آنچه از احوال وى در قسم دوم از علم حساب بحث كنند عدد است بدين حيثيت كه چگونه از عدد معلوم عدد مجهول را توان دريافت نه عدد مطلقا يعنى بدون حيثيت مذكوره كه آن موضوع علم ارثماطيقى است ۵ Vergl. meine Geschichte der Algebra Th. 1. S. 43 Note 12.

5) Bekanntlich drücken die Inder, so wie wir, die Null durch einen Kreis als Symbol des Leeren aus, die Araber haben aber dieses Zeichen oder wenigstens ein sehr ähnliches für die Fünf verwendet, und bezeichnen die Null durch einen Punkt. Darüber und über das frühere Zeichen für die Fünf sagt Ruschen Ali folgendes: بدانكه اگر در مرتبهٔ از مراتب عدد نبود براى

نگاهداشت مرتبه صورت هاى مدوّر يعنى ه كه علامت
صفر بمعنى خالى ست نويسند .... بدانكه فرق ميان
رقم پنج وصورت صفر اين است كه رقم پنج را بصورت
عين خورد كه كنارهٔ دامنش تا سر رسد نويسند بدينوجه
٥ وصورت صفر را هاى مدوّر نويسند ودرين زمان مـــروج
آنست كه هاى مدور رقم پنج كنند وعلامت صفر نقطه
گذارند d. h. „Wisse, dafs, wenn an irgend einer von den Stellen keine Zahl sich befindet, man dann, um die Stelle anzudeuten, die Gestalt des Final-Ha, nämlich ه, welches das Zeichen Sifr im Sinne von etwas Leerem ist, schreibt.... Wisse, dafs der Unterschied zwischen dem Zeichen der Fünf und der Gestalt der Null der ist, dafs man die Fünf in Gestalt eines kleinen Ain (ع) schreibt, welches das Ende seines Gürtels bis nach oben hin gehen läfst, in dieser Art o, dafs man aber für Null das Final-Ha schreibt. Gegenwärtig ist es Sitte, das Final-Ha für die Fünf zu gebrauchen und die Null durch einen Punct auszudrücken." (S. 17. 18). — Das hier beschriebene ältere Zeichen für die Fünf ist leider im gedruckten Texte nicht ausgedrückt, sondern es befindet sich dafür das jetzt gebräuchliche. Die Beschreibung pafst aber ziemlich gut auf die Gestalt, welche Wallis (Opera T. I. p. 48. und T. II. p. 10.) aus Maximus Planudes giebt und die beinahe wie ein umgekehrtes Griechisches β aussieht.

6) Einfache Zahlen nennt der Verfasser hier solche, welche nur eine Ziffer, oder wenigstens aufserdem nur angehängte Nullen enthält, mit andern Worten, die Producte der einfachen Ziffern in irgend eine Potenz von 10. Zusammengesetzte sind die aus mehren Ziffern gebildeten.

7) وَابْسُطِ المجتمع من جنس مَتْلُوِّ المرتبة الاخيرة. Man merke folgenden Gebrauch des Verbums بسط in dieser Abhandlung: بسط, nach dem Lexicon expandit, extendit, dilatavit, mit doppeltem Accusativ construirt, deren erster irgend eine Zahl, der zweite eine der Periodenzahlen 10, 100, 1000 im Plural ist, be-

deutet, an die erstgenannte Zahl respective eine, zwei, drei Nullen hinten anhängen, z. B. تبسط الاثنى عشر ميات, hänge an 12 zwei Nullen an, nimm 12 hundertfach, wörtlich, dehne 12 zu Hunderten aus. Ebenso تبسط العشرين الوفا hänge an 20 drei Nullen an, u. s. w. Die Regel, die der Verfasser an unsrer Stelle giebt, ist folgende: Wenn man zwei Zahlen hat, deren eine aus der Ziffer a mit m hinten anhängenden Nullen, die andere aus der Ziffer b mit n Nullen besteht, so nimm das Product der einfachen Ziffern, ab, addire die Anzahl der Stellen beider Factoren, $m + n + 2$, und gieb dem Product ab soviele Nullen, als der Potenz von 10, welche $m + n + 1$ Stellen hat, zukommen. Z. B. Wenn wir 40 in 500 multipliciren sollen, so haben wir zunächst $4 \cdot 5 = 20$; nun hat 40 zwei, 500 drei Stellen, in Summa 5, demnach müssen wir jene 20 soweit ausdehnen, d. h. mit soviel neuen Nullen versehen, als die vierstellige Potenz von 10, nämlich 1000 hat. جنس متلو المرتبة الاخيرة, der Grad, welcher gefolgt wird von dem letzten, d. i. der vorletzte, der um 1 kleinere.

8) Einige Schwierigkeit macht der mathematische Gebrauch des Verbums نسب. — نسب عددا الى عدد bedeutet manchmal nichts weiter, als dividiren, wird aber namentlich statt قسم dann gebraucht, wenn die Division praktisch unausführbar ist, und entspricht so ziemlich dem *applicare* bei den späteren Lateinern. Der Formel wird dann der Bruch, der als Resultat erscheint, mit der Präposition ب hinzugefügt, z. B. تنسب خمسة وعشرين الى المائة بالربع Dividire 25 durch 100, so dafs $\frac{1}{4}$ herauskommt; نسب ist daher häufig zu übersetzen: zum Nenner geben.

9) Über die andern beiden hier erwähnten Methoden, ضرب التوشيح, Multiplication des Umgürtens, المحاذاة, des Gegenüberstellens, weifs ich keine Rechenschaft zu geben, da auch Ruschen Ali keine Erklärung darüber giebt. Er fügt nur hinzu: وجز آن چون

ضرب مربع وجز آن كه در كتب مبسوط وشروح اين كتاب
مذكور ست بنابر تطويل در ين شرح كذاشته شد „und andere, wie die Multiplication des Quadrats, und andere, welche in weitläufigern Büchern und in den Commentaren zu diesem Buche erwähnt werden; wegen der Weitläufigkeit werden sie in diesem Commentare übergangen."

10) Der Araber hat für das Quadrat drei verschiedene Ausdrücke, welche den Ausdrücken für die Wurzel und Seite entsprechen. Bei wirklichen Zahlen heifst die Wurzel جَذْر, das Quadrat مَجْذُور, in der Geometrie die Seite ضِلْع, das Quadrat مُرَبَّع, in der Algebra die erste Potenz der Unbekannten شَى, ein Ding, *res, cosa* bei den Italienern, die zweite Potenz مَال, Besitz, *census*.

11) Das heifst, es ist näherungsweise $\sqrt{a^2 + m} = a + \frac{m}{2a+1}$, also $a^2 + m = a^2 + \frac{2am}{2a+1} + \frac{m^2}{(2a+1)^2} = a^2 + m - \frac{m}{2a+1}\left(1 - \frac{m}{2a+1}\right)$. Da nun in der Praxis m immer kleiner ist $2a + 1$, weil $a^2 + 2a + 1$ bereits das nächstfolgende vollständige Quadrat ist, so giebt diese Näherungsformel immer einen zu kleinen Werth für $\sqrt{a^2 + m}$. Die gröfste Näherung findet statt, wenn $m = 1$ oder $= 2a$ ist; in beiden Fällen wird dann das Quadrat um $\frac{2a}{(2a+1)^2}$ zu klein; je weiter m sich von diesen beiden Grenzen entfernt, desto gröfser wird die Abweichung und zwar ist dieselbe immer gleich für $m = 1 + n$ und für $m = 2a + 1 - n$. Die andere Formel, welche nach Ruschen Ali's Bericht einige Rechenmeister aufstellen, nämlich $\sqrt{a^2 + m} = a + \frac{m}{2a}$, ist noch ungenauer, giebt aber ein zu grofses Resultat, so dafs man bei Rechnungen von geringer Genauigkeit beide Formeln als zwei Grenzwerthe betrachten kann. Demnach würde z. B. die $\sqrt{26}$ zwischen den beiden Werthen $5\frac{1}{11}$ und $5\frac{1}{10}$ liegen.

12) Offenbar wird dieser Rest nicht immer kleiner sein, als das

subtrahirte Quadrat, z. B. nicht, wenn in der ersten Stelle 3 steht. Daher corrigirt Ruschen Ali den Verfasser.

13) Diese Eintheilung der Brüche in verschiedene Klassen bezieht sich blofs auf Eigenthümlichkeiten der Arabischen Sprache. Einfache Namen hat das Arabische nur für die Brüche, deren Nenner die Zahlen von 2 bis 10 sind. Daher nennt er diese Brüche artikulirte, solche die sich geradezu ausdrücken lassen. Bei Brüchen mit gröfserm Nenner kommt es darauf an, ob dieser Nenner ein Product aus den ersten zehn Zahlen ist oder nicht. In dem ersten Falle wird der Nenner in seine Factoren aufgelöst, und man sagt z. B. die Hälfte eines Sechstels, ein Drittel eines Fünftels, u. s. w. Das sind die abhängigen Brüche. Im zweiten Falle wird die Formel umschrieben, und man sagt ein Theil, zwei Theile u. s. w. von Dreizehn. Läfst ein Nenner sich nicht in Factoren auflösen, die alle kleiner als 11 sind, so entsteht im Arabischen eine ganz verwickelte Formel, z. B. $\frac{1}{143} = \frac{1}{11.13}$ heifst Arabisch ein Theil von elf von einem Theil von Dreizehn, das heifst, ein Elftel eines Dreizehntels. Das sind die stummen abhängigen Brüche. Eine Eigenthümlichkeit, die sich auch im Griechischen findet, sind die complicirten Brüche, wenn nämlich der Zähler gröfser als 1 ist, so zerlegt man häufig den Bruch in zwei andere, die dann als Summe vereinigt werden, z. B. sagt der Araber statt $\frac{5}{6}$ oft ein Halbes und ein Drittel, indem er $\frac{5}{6}$ in $\frac{3}{6} + \frac{2}{6}$ zerlegt; ebenso für $\frac{4}{21}$ ein Siebentel und ein Drittel eines Siebentels, d. h. $\frac{3}{21} + \frac{1}{21}$.

14) Dieser Scherz giebt uns manche Andeutungen über das Vaterland des Verfassers. Zuerst ist es auffallend, dafs hier ein Jahr von 360 Tagen, also ein unvollkommenes Sonnenjahr zu Grunde gelegt ist, da doch die Araber ein Mondenjahr von 354 oder 355 Tagen haben. Auch haben die Arabischen Monate nicht constant dreifsig Tage, sondern abwechselnd 30 und 29 Tage. Wohl aber haben die Perser ein Jahr, welches aus 12 gleichen Monaten von je 30 Tagen, und aufserdem aus fünf Ergänzungstagen besteht. Da es sich in der ersten Angabe bei dem Verfasser nur um die Anzahl der Tage der Woche und des Monats

und um die Anzahl der Monate handelt, so kann seiner Idee sehr wohl das Persische Jahr mit seinen dreifsigtägigen Monaten zum Grunde gelegen haben, indem er die Ergänzungstage unbeachtet liefs. Dafür entscheidet sich auch der Persische Übersetzer, indem er am Schlusse seiner Scrupel über den ersten Theil dieses Scherzes sagt: پس از آنچه گفتیم دریافت شد که مصنف کلام خود را بر مذهب واصطلاح متأخرین اهل فارس بنا کرده است „Aus dem, was wir gesagt haben, leuchtet ein, dafs der Verfasser seinen Vortrag nach dem System und der Kunstsprache der modernen Perser eingerichtet hat." Bei der dritten Regel, die dem Khalifen Ali in den Mund gelegt wird, haben wir wieder und zwar in directer Weise, ein Jahr von 360 Tagen, welches sich hier schlimmer erklären läfst als oben, wo das Jahr nur durch die Anzahl der Monate repräsentirt ward. Auffallend ist aber hier aufserdem die Segensformel عليه السلام, die sonst nur den Propheten gegeben wird, wogegen man dem Namen eines Khalifen die weniger geltende Formel كرم الله وجهه „Gott ehre sein Angesicht" oder رضى الله عنه „Gott sei mit ihm zufrieden" anhängt. Diese mehr als gebührliche Verehrung des Ali, von der wir schon am Anfange eine Spur hatten (S. die Note 1.), deutet aber, wie erwähnt, darauf hin, dafs der Verfasser der Secte der Schiiten angehörte, und da auch diese ihren Hauptsitz in Persien hat, so ist kaum zu zweifeln, dafs Beha-eddin ein Perser gewesen, und sich nicht blofs, wie Ruschen Ali sich ausdrückt, der Sprachweise der Perser bedient habe.

15) Die hier gegebene Regel bedarf vielleicht einer Erläuterung. Wenn wir die Aufgabe algebraisch darstellen, so haben wir die Gleichung

$$\tfrac{1}{2}x + 4 + \tfrac{1}{2}(\tfrac{1}{2}x + 4) + 4 = 20$$

also $$\tfrac{1}{2}x + 4 + \tfrac{1}{2}(\tfrac{1}{2}x + 4) = 16$$

d. i. $$\tfrac{3}{2}(\tfrac{1}{2}x + 4) = 16$$

wenn wir nun, wie der Verfasser befiehlt, auf beiden Seiten ein Drittel des Werthes, das heifst $\tfrac{1}{2}(\tfrac{1}{2}x + 4) = 5\tfrac{1}{3}$, subtrahiren, so bleibt

$$\tfrac{1}{2}x + 4 = 10\tfrac{2}{3}$$

Das Übrige ist klar. Im Allgemeinen, wenn man hat

$$x + b + \frac{1}{n}(x + b) = a$$

d. i.
$$\frac{n+1}{n}(x + b) = a$$

so mufs man, um den Ausdruck $x + b$ rein zu erhalten, auf beiden Seiten $\frac{1}{n+1}$ des Werthes subtrahiren.

16) Diese zehn Namen der graden Linien sind nach dem Scholiasten ضلع die Seite, ساق der Schenkel, مسقط حجر die Senkrechte (wörtlich: Fall des Steins), عمود die Höhe, قاعدة die Basis, جانب Seite, قطر Durchmesser, Diagonale, وتر Sehne, سهم Pfeil oder *Sinus versus*, ارتفاع Höhe (nur in der Stereometrie).

17) زَنْقَةٌ Spitze, spitzer Winkel, Pers. كوچهٔ تنك, fehlt bei Freytag. Nach Ruschen Ali ist das Trapez mit einer Spitze ein Paralleltrapez mit zwei rechten Winkeln, ein Trapez mit zwei Spitzen ein solches, welches an einer der parallelen Seiten zwei spitze, an der andern zwei stumpfe Winkel hat. Was unter der Gurke gemeint ist, weifs ich eben so wenig wie Ruschen Ali, der sich so ausdrückt: تعريف اين قسم از منحرفات در كتابى ديده نشد كه بيان نمايد لعل الله يحدث بعد ذلك امرا „Eine Beschreibung dieser Art von Trapezen ist in keinem Buche zu finden, die es erläuterte; vielleicht wird Gott nach dieser Zeit es lehren."

18) Nach dem Commentar sind die drei letztgenannten Figuren folgende

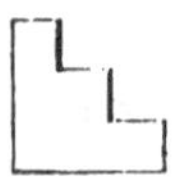
Treppenfigur.

Trommelfigur.

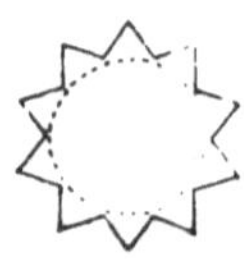
Spitzenfigur.

19) Diese Regel giebt den Inhalt der Kugel für den Durchmesser d an gleich $d^3\left[1 - \frac{3}{14} - \frac{11}{14}\cdot\frac{3}{14} - \frac{3}{14}\left(1 - \frac{3}{14} - \frac{11}{14}\cdot\frac{3}{14}\right)\right] = \frac{1331}{2744}d^3$, woraus sich $\pi = 2{,}91\ldots$ ergiebt. Ruschen Ali hat den allerdings argen Fehler dahin verbessert, dafs er den Inhalt der Kugel gleich $d^3\left[1 - \frac{3}{14} - \frac{1}{3}\left(1 - \frac{3}{14}\right)\right] = \frac{11}{21}d^3$ angiebt, und das giebt für π den bekannten Näherungswerth $\frac{22}{7}$.

20) ذِراع, der Arm, dann die Elle, hat hier den Zusatz اليَدِ, Elle der Hand, über den ich keinen Aufschlufs zu geben weifs. Was Ruschen Ali darüber sagt, scheint mehr errathen als aus wirklicher Kenntnifs hervorgegangen; es heifst بكز دست يعنى بمقدار درازى دست „Nach der Elle der Hand, das heifst, nach dem Maafs der Länge der Hand." Wahrscheinlich ist دزاع اليد ein *terminus technicus,* dessen Bedeutung auch dem Paraphrasten nicht bekannt war; denn die Länge der Hand kann unmöglich darunter verstanden sein.

21) Ruschen Ali: وشايد كه از رسالهٔ مذكوره رسالهٔ بيست بابى تصنيف محقق طوسى مراد باشد وحاشيهٔ مذكوره بكاتب حروف نرسيده „Er mufs die Abhandlung in zwanzig Kapiteln, welche Mohakkik aus Tus verfafst hat, im Sinne haben; aber die erwähnten Randglossen sind dem Schreiber dieses nicht zu Gesichte gekommen."

22) Diese in ihrer elliptischen Fassung ganz unklar erscheinende Regel lautet, wörtlich übersetzt, so: „sieh nach der Spitze derselben durch die Dioptern, beobachte das untere Ende des Lineals, auf welcher Schattenlinie es steht und bezeichne deinen Standpunct. Dann drehe es (das Lineal) um, so dafs ein Fufs oder Finger hinzukommt oder weggeht; darauf gehe vor oder zurück, so dafs du die Spitze noch einmal siehst; mifs sodann den Abstand deiner beiden Standpuncte und multiplicire denselben in sieben oder in zwölf nach Maafsgabe des Schattens."— Ich gestehe, dafs aus diesem Labyrinth mir nur der Commentar herausgeholfen hat, welcher so beginnt: „Wisse, dafs Manche das Instrument in zwölf gleiche Theile theilen, Manche in sieben; dann nennt man den Schatten in dem ersten Instrumente Finger, in dem zweiten Füfse." Diese Erklärung mit dem Inhalt der Regel zusammengehalten giebt folgendes Resultat über die Einrichtung des Instruments: Man denke sich

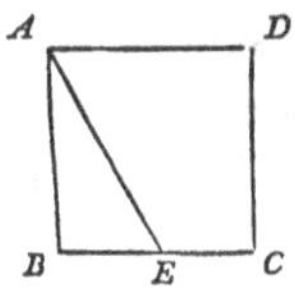

in dem Quadrat $ABCD$ die Spitze A als den Punct, um den sich das Visirlineal dreht, so ist die Seite BC in 12 oder in 7 gleiche Theile getheilt, und Linien, wie AE, welche A mit diesen

Theilungspuncten verbinden, heifsen Schattenlinien. Nun ist das übrigens nicht zu Ende geführte Verfahren folgendes: Sei SP die zu messende Höhe, so stelle dich an einen Punct G, so dafs der Strahl Sa verlängert gerade einen Theilungspunct e trifft. Schiebe darauf das Visir auf den nächsten Theilungspunct $e_,$, deren wir n annehmen wollen, und gehe von G nach G', d. h. soweit, bis du bei der jetzt gegebenen Richtung des Visirs wieder die Spitze S siehst. Dann haben wir folgende Proportionen:

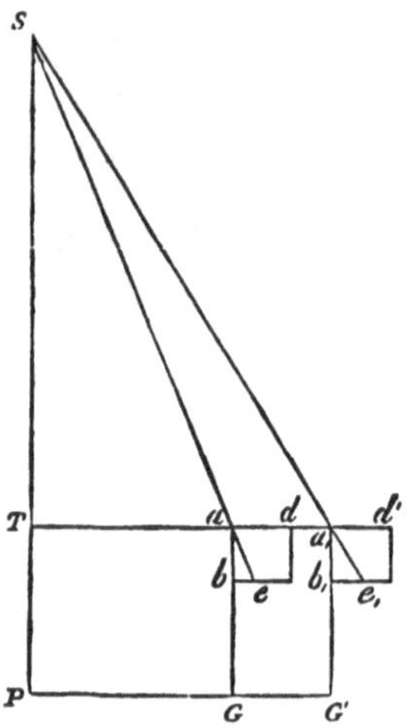

$$eb : ba = aT : TS$$

$$e_,b_, : b_,a_, = a_,T : TS$$

und da $b_,a_, = ba$, so folgt daraus

$$eb : e_,b_, = aT : a_,T = aT : GG_, + aT$$

also $eb : e_,b_, - eb = aT : GG_,$

$$aT = \frac{eb \,.\, GG_,}{e_,b_, - eb}.$$

aus der ersten Proportion aber folgt

$$TS = \frac{ba}{eb} \,.\, aT$$

Demnach ist $$TS = \frac{ba \,.\, GG_,}{e_,b_, - eb}$$

aber $e_,b_, - eb$ ist $= \frac{1}{n} ab$, demnach $TS = n \cdot GG'$.

Bis dahin geht Beha-eddins Regel; der Commentar fügt zur Vervollständigung hinzu, dafs du zu diesem Resultat noch deine Länge, nämlich $Ga = PT$ addiren sollst.

23) Montucla (T. I. p. 383) schliefst aus dem von Meerman in der Vorrede seines *Specimen calculi fluxionalis* übersetzten Titels eines Arabischen Manuscripts auf der Leidener Bibliothek (*l'Algèbre des équations cubiques, ou la résolution des problèmes solides par Omar ben Ibrahim*), dafs die Araber die Auflösung der kubischen Gleichungen gekannt haben. Den Titel eines Arabischen Buchs zu übersetzen, wenn man den Inhalt nicht kennt,

hat immer etwas Mifsliches, und mit Gewifsheit können wir annehmen, dafs die hier gegebene Übersetzung falsch ist, wenn wir bedenken, dafs unser Auctor, einer der spätesten aus der Arabischen Literatur, so nachdrücklich erklärt, dafs seine Landsleute nicht über die Behandlung des Quadrats hinausgekommen sind. Die höhern Gleichungen scheinen in der That ein ausschliefsliches Eigenthum Europa's zu sein. Vergleiche hiemit noch die Noten 36. 38.

24) Quotient nennt der Verfasser hier die Anzahl der Dinare, die nach der gleichmäfsigen Vertheilung Jeder bekommt. Die am Schlusse gegebene Regel ist übrigens sehr leicht abzuleiten. Nennt man die Anzahl der Kinder x, die Zahl von Dinaren, die Jeder nach der gleichmäfsigen Vertheilung erhält, n, so ist nx die Anzahl der Dinare. Die erste Vertheilung giebt aber $\frac{(x+1)x}{2}$ Dinare. Demnach haben wir $\frac{x+1}{2} = n$, also $x = 2n - 1$.

25) Vgl. *Eucl. Elem.* IX, 36. — Ruschen Ali giebt in seinem Commentar den Arabischen Ausdruck für die Primzahl, den ich sonst noch nirgend gefunden habe, nämlich فرد اوّل. Hinter seiner Erklärung der Regel giebt er dieselbe in einem undeutlich ausgedrückten Distichon, welches er dem Verfasser, d. h. Beha-eddin zuzuschreiben scheint, den er sonst unter dem Wort مصنف immer versteht; wahrscheinlicher aber ist es, dafs die Verse von ihm selbst herrühren, und dafs er sich als Verfasser des Commentars gemeint hat; es heifst nämlich: ومصنف خود این قاعده را نظم کرده است „Und der Verfasser selbst hat diese Regel in Verse gebracht." Sie lauten

زتضعیفات واحد فرد اول کر کنی حاصل
بتام از ضرب آن در زوج آخر میشوی واصل

Wenn du aus den von der Einheit an verdoppelten eine Primzahl hervorgehen läfst,
So gelangst du zu einer vollkommenen durch die Multiplication jener in die letzte gerade.

Und am Ende, nachdem Ruschen Ali eine neue Regel gegeben hat, die blofs darin von der des Textes abweicht, dafs er statt der Summe der in Rede stehenden Zahlen, die folgende weniger 1 nimmt, heifst es: ومحقق دوانی علیه الرحمة در انموذج خود این قاعده را نظم نموده ✿ شعر ✿

چو باشد فرد اول ضعف زوج الزوج کم واحد

بود مضروب ایشان تام ورنه ناقص وزائد

„Und Mohakkek Dewani, über ihm sei die Gnade, hat Beispiels halber diese Regel in Verse gebracht, nämlich so:

Wenn das Doppelte einer gerade-geraden Zahl weniger eins eine Primzahl ist,

So ist das Product dieser eine vollkommene; wenn nicht, so ist es eine mangelhafte oder eine übervollkommene."

Bemerkenswerth ist hier der Begriff der gerade-geraden Zahl in dem Sinne der spätern Griechischen Arithmetiker, bei denen dieser Ausdruck nur die Potenzen von 2 bedeutet.

26) Wenn $x + y = a$, also $x = a - y$ ist, so ist $x - y = a - 2y = 2(\frac{1}{2}a - y)$. Das ist der Satz, auf den der Verfasser sich beruft. Setzen wir $x - y = d$, so ist also $\frac{1}{2}d = \frac{1}{2}a - y$, also $y = \frac{1}{2}a - \frac{1}{2}d$, $x = \frac{1}{2}a + \frac{1}{2}d$.

27) Vergleiche Note 15.

28) Da die vier Röhren das Gefäfs in respective 1, 2, 3, 4 Tagen füllen würden, so wird von ihnen in einem Tage respective $\frac{1}{1}, \frac{1}{2}, \frac{1}{3}, \frac{1}{4}$ des Gefäfses gefüllt; die Summe ist $2\frac{1}{12}$ oder $\frac{25}{12}$, d. h. die vier Röhren zugleich füllen in einem Tage ein Gefäfs, welches an Inhalt $\frac{25}{12}$ des gegebenen fafst, woraus sich die Proportion ergiebt $\frac{25}{12} : 1 = 1$ Tag : x.

29) A —— B —— C —— D Sei $AB = \frac{1}{m}AD$, $BC = \frac{1}{n}AD$, $CD = a$, so ist $AC = \frac{m+n}{mn}AD$, demnach $CD = a = \frac{mn-(m+n)}{mn}AD$, also verhält sich $mn : mn - (m+n) = AD : a$.

30) Der Besitz des A sei x, des B y, der Preis P. Wenn wir statt des Drittel und Viertel in der Aufgabe $\frac{1}{m}$ und $\frac{1}{n}$ substituiren, so erhalten wir

$$P = x + \frac{1}{m}y = y + \frac{1}{n}x$$

$$(1 - \frac{1}{n})x = (1 - \frac{1}{m})y$$

$$\frac{x}{y} = \frac{mn - n}{mn - m}$$

Setzen wir nun, um ganze Zahlen zu erhalten, $x = mn - n$, $y = mn - m$, so ergiebt sich daraus $P = mn - 1$.

31) سكنجبين oder genauer Persisch سكنگبين, eine Mischung, wie sie hier beschrieben wird, die aber wahrscheinlich gekocht wurde. Denn mit fast lächerlicher Ängstlichkeit fügt Ruschen Ali der Exposition der Aufgabe die Worte hinzu: آميخته شدند باهم تا سكنجبين شد بى آنكه آتش ببيند تا چيزى كم نشود „... werden zusammengemischt, damit es Sauerhonig werde, ohne jedoch an das Feuer gebracht zu werden, damit nichts verloren gehe."

32) Wenn man a Pfund Honig, b Pfund Essig, c Pfund Wasser zusammenmischt, so enthält die Mischung $a + b + c$ Pfund. Nimmt man davon p Pfund und bezeichnet die Quantitäten, die von jeder Sorte in dieser Portion enthalten sind, respective mit x, y, z, so hat man offenbar folgende Proportionen

$$x : a = y : b = z : c = p : a + b + c, \text{ daher}$$

$$x = \frac{ap}{a + b + c}$$

$$y = \frac{bp}{a + b + c}$$

$$z = \frac{cp}{a + b + c}$$

Statt dieser allgemeinen Auflösung sind in dem Beispiele statt p successive die Zahlen a, b, c substituirt.

33) Nach dem bekannten Satze. Im Original steht: nach der Figur der Braut, ein Ausdruck, den der Paraphrast nicht weiter erklärt, als dafs er sagt, es sei der Satz vom rechtwinkligen Dreieck, demzufolge das Quadrat der Hypotenuse u. s. w. Historisches über die Einführung dieses Namens ist mir nicht bekannt.

34) Dafs diese Aufgabe unverständlich ausgedrückt ist, bemerkt schon der Paraphrast, indem er sagt: Ist unter dem Ausdruck „eine angenommene Zahl" überhaupt nur eine Zahl gemeint, so hat die Sache keine Schwierigkeit; ist eine gegebene Zahl gemeint, so ist die Auflösung unbekannt (d. h. bis jetzt nicht gefunden); ist 10 gemeint, was der Ausdruck مفروض anzudeuten scheint, dann ist die Aufgabe absurd und unmöglich, nicht

aber blofs schwierig. — Die Sache verhält sich so, dafs man aus der Aufgabe nicht recht ersieht, welcher Zahl der Ausdruck

$$[x + \sqrt{x}]\ [(10 - x) + \sqrt{10 - x}]$$

gleich sein soll. Offenbar aber ist das Product immer gröfser als 10.

35) Es soll $x^2 + 10 = y^2$, $x^2 - 10 = z^2$ sein, eine Forderung, die sich wirklich nicht erfüllen läfst.

36) Wenn Zaid x^2 und Amru y^2 besitzt, so soll Zaid $10 - y$ und Amru $5 - x$ erhalten; wir haben also die beiden Gleichungen

$$x^2 + y = 10, \text{ und } y^2 + x = 5$$

Die Substitution, wenn wir in der zweiten Gleichung für y seinen Werth aus der ersten setzen, ergiebt

$$x^4 - 20x^2 + x + 95 = 0$$

Also ist die Aufgabe nicht unmöglich, wohl aber giebt sie kein rationales Resultat.

37) Die Unmöglichkeit dieser Aufgabe beruht auf dem berühmten Satze, den Fermat 1657 zuerst ausgesprochen und Euler bewiesen hat. Die Araber haben denselben also einige Jahrhunderte früher gehabt, als wir.

38) Die beiden Theile seien $5 + x$ und $5 - x$, so soll $\frac{5+x}{5-x} + \frac{5-x}{5+x} = 5 + x$ oder $= 5 - x$ sein. Die Ausführung ergiebt eine kubische Gleichung ohne rationale Wurzeln.

39) Diese Aufgabe ist wirklich unmöglich, weil die Gleichung

$$x^2 + x^2y^2 + x^2y^4 = z^2$$

oder die daraus hervorgehende

$$1 + y^2 + y^4 = t^2$$

sich nicht rational lösen läfst.

40) Im Texte steht beidemal أو oder statt und. Der Scholiast sagt darüber: بدانكه كلمه او اينجا بمعنى و او جمع است „Wisse, dafs das Wort أو hier in dem Sinne von و das أو der Summation ist." Allerdings erhält auch dadurch nur die Aufgabe Sinn. Nun leugnet sie nämlich die Möglichkeit einer gleichzeitigen Auflösung der beiden Gleichungen

$$x^2 + x + 2 = y^2$$

$$x^2 - x - 2 = z^2$$

welche allerdings nach der den Alten bekannten Methode aufgelöst für x nur den negativen Werth $-\frac{17}{16}$ giebt.

Historische Notiz über den Verfasser.

Der Verfasser nennt sich in der Einleitung dieses Compendiums selbst *Behâ-eddin Mohammed ben Alhosain Al-âmulî* (العاملى). Nähere Bestimmungen über seine Person, seinen Geburtsort und sein Zeitalter geben, wenngleich spärlich, Strachey im zwölften Bande der *Asiatick Researches* (*Calcutta* 1816. p. 166) und der Paraphrast der vorliegenden Abhandlung, Maulewi Ruschen Ali, ein mit Strachey persönlich bekannter Indischer Gelehrter. Der Erstere theilt über den Auctor folgende Notiz aus dem biographischen Werke *Sulâfat-al-'asr* von Nizam-eddin Ahmed mit: *He was born at Bâlbec, in the month D'hi'lhaj,* 953 *Hijrì, and died at Isfahân in Shawâl* 1031. Demnach wäre er nach unsrer Zeitrechnung geboren im Jahre 1547, zwischen dem 22. Januar und dem 19. Februar Jul. Styls, und gestorben im Jahre 1622, zwischen dem 8. Aug. und 5. Sept. Greg. Styls *), und von Geburt ein Syrer; denn sowohl Baalbek (بعلبك) als Amul (عامل) sind Syrische Städte. Aber zu diesen beiden abweichenden Angaben des Geburtsorts gesellt sich noch eine dritte. Ruschen Ali sagt nämlich zu dem Worte عاملى in der Einleitung (S. 2 der Calc. Ausg.) ودر بعض نسخ آمل بهمزهٔ ممدوده واقع است بدانکه عامل بالضم اسم ناحية من نواحى الشام وآمل اسم موضع من الخراسان واز بعض شروح در يافت ميشود كه مصنّف منسوب است باوّل والله اعلم بحقيقه „In einigen Handschriften findet sich آمل (mit Elif und Medda); wisse dafs عامل (mit Dhamma) der Name einer Stadt in Syrien, da-

*) Die Notiz in Rosen's *Mohammed ben Musa's Algebra. London* 1831. S. 183. „*died A. H.* 1031, *i. e.* 1575 *A. D.*" ist, was das christliche Jahr betrifft, unrichtig. Das Jahr 1031 der Hedschrah währte vom 17. Nov. 1621 bis zum 5. Nov. 1622 (Greg. Styls).

gegen آمل der Name eines Ortes in Khorasan ist; aus einigen Commentaren ersieht man, daſs der Verfasser nach der erstern benannt ist; Gott kennt das Wahre besser." — Einige Beziehungen, die wir in dem Werke selbst finden, scheinen indeſs darauf hinzudeuten, daſs die andere Lesart, welche den Verfasser nach Persien versetzt, die richtige sei. Es geht nämlich aus der an mehren Stellen des Werks dem Khalifen Ali gezollten Verehrung hervor, daſs der Auctor der Secte der Schiiten angehörte. (Vergleiche die Noten 1 und 14). Gewiſs also hat er, wenn er auch aus Syrien gebürtig war, in Persien gelebt, wie er denn auch nach der oben mitgetheilten Notiz in Ispahan gestorben ist.

Die vorliegende kleine Schrift steht in Vorderasien, besonders in Indien, in groſsem Ansehen, und ist dort bis jetzt Schulbuch und nach Strachey's Versicherung das einzige Werk über Algebra, welches dort gelesen wird. Die Sprache darin ist einfach, aber zuweilen der Ausdruck sehr kurz und elliptisch, und der Verfasser scheint auf mündliche Erläuterungen gerechnet zu haben. Der vollständige Titel der Calcuttaer Ausgabe ist: *The Khoolasut-ool-Hisab: a compendium of Arithmetic and Geometry; in the Arabic Language, by Buhae-ood-Deen, of Amool in Syria, with a translation into Persian and commentary, by the late Muoluwee Ruoshun Ulee, of Juonpoor; to which is added a treatise on Algebra, by Nujm-ood-Deen Ulee Khan, Head Qazee; to the sudr Deewanee and Nizamut Udalut. Revised and edited by Tarinee Churun Mitr, Muoluwee Jan Ulee and Ghoolam Ukbur, under the patronage of the right honorable the Governor General in Council, at the recommendation of the council of the college of Port William. Calcutta, printed by P. Pereira, at the Hindoostanee press.* 1812. — Die Persische Übersetzung des Ruschen Ali, welche jedem Satze des Originals unmittelbar folgt, ist sehr treu, der Commentar zuweilen etwas weitschweifig, aber im Ganzen brauchbar und das Verständniſs erleichternd Seite 2. und 91. der Ausgabe erwähnt Ruschen Ali anderer Commentare über diese Schrift, die er vor Augen gehabt hat, und Strachey (S. 167 der *Researches*) nennt eine ältere Persische Übersetzung, welche ungefähr sechszig Jahre nach Beha-eddins Tode verfaſst und in Ruschen Ali's Händen war. Von allen diesen älteren Bearbeitungen ist mir nichts bekannt geworden.

Der Verfasser verweist im Verlaufe dieser Abhandlung mehrmals auf ein gröſseres Werk über denselben Gegenstand, welches die hier nur in ihren Resultaten mitgetheilten Regeln mit ihren Beweisen und weitern Ausführungen geben sollte, welches er aber zur Zeit, als gegenwärtiger Tractat geschrieben ward, noch nicht vollendet hatte, und welches auch vielleicht nie fertig geworden ist *). Dieses gröſsere Werk sollte den Titel führen بحر الحساب, Ocean der Rechenkunst. Vergl. Kap. 6. am Ende, Kap. 7. Abschn. 2., Kap. 8. Abschn. 1., und Kap. 10. am Ende. — Auſserdem erwähnt er einmal seiner Randglossen zu einer Abhandlung über das Astrolabium von Mohakkik Tusi, die nicht weiter bekannt sind, und die auch Ruschen Ali nicht gesehen hat (S. Note 21). Nach Strachey S. 166. soll er auch über Religion, Gesetzkunde, Grammatik, Astronomie und andere Gegenstände geschrieben haben.

Das ist es, was ich über den Verfasser habe auffinden können.

---

*) Strachey a. a. O. S. 167: *Maulani Roshen Ali tells me, the commentators say, it is not extant.*

FSC
www.fsc.org
MIX
Papier | Fördert gute Waldnutzung
FSC® C083411

Zeitfracht Medien GmbH
Ferdinand-Jühlke-Straße 7
99095 Erfurt, Deutschland
produktsicherheit@kolibri360.de

خلاصة الحساب

تصنيف

بهاء الدين محمد بن الحسين

العاملی

بسم الله الرحمن الرحيم (۱)

نحمدك يا من لا يحيط بجمع نعمه عدد ولا ينتهى تضاعيف قسمته الى امد ونصلّى على سيدنا محمد المجتبى وعترته سيّما الاربعة المتناسبة اصحاب العباء ۞ وبعد فانّ الفقير الى الله الغنى بهاء الدين محمد بن الحسين (* العاملى انطقه الله تعالى بالصواب فى يوم الحساب ۞

يقول انّ علم الحساب لا يخفى علوّ شانه وسموّ مكانه ورشاقة مسائله ووثاقة دلائله وافتقار كثير من العلوم اليه وانعطاف جمّ غفير من المعاملات عليه ۞ وهذه رسالة حوت الاهمّ من اصوله ونظمت المهمّ من ابوابه وفصوله وتضمّنت منه فوائد لطيفة فى خلاصة كتب المتقدّمين وانطوت منه على قواعد شريفة فى زبدة رسائل المتاخّرين وسمّيتُها خلاصة الحساب ورتبتها على مقدمة وعشرة ابواب ۞

۞ ۞

۞

*) Andre Lesart الآملى

(٥)

مقدمة *)

الحساب علم يعلم منه استخراج المجهولات العددية من معلومات مخصوصة وموضوعه العدد الحاصل فى المادّة كما قيل ومن ثمّة عُدّ الحساب من الرياضى وفيه كلام ۞ والعدد قيل كمّيّة تطلق على الواحد وما يتألّف منه فيدخل فيه الواحد ۞ وقيل نصف مجموع حاشيتيه فيخرج وقد يتكلف لادراجه بشمول الحاشية الكسر والحق انه ليس بعدد وان تألّفت منه الاعداد كما ان الجوهر الفرد عند مثبتيه ليس بجسم وان تألّفت منه الاجسام ۞

وهو امّا مطلق فصحيح او مضاف الى ما يفرض واحدا فكسر وذلك الواحد مخرجه ۞ والمطلق ان كان له احد الكسور التسعة او جذر فمنطق والّا فاصمّ والمنطق ان ساوى اجزاءه فتامّ او نقص عنها فزائد او زاد عليها فناقص ۞

ومراتب العدد اصولها ثلثة آحاد وعشرات ومئآت وفروعها ما عداها مما لا يتناهى وتنعطف الى الاصول ۞ وقد وضع لها حكماء الهند الارقام التسعة المشهورة ۞

۞ ۞

۞

*) In der Ausgabe مقدّمه

الباب الاول (١٨)

فى حساب الصحاح

زيادة عدد على آخر جمع ونقصه منه تفريق وتكريره مرّة تضعيف ومرارا بعدّة آحاد آخر ضرب وتجزيته بمتساويين تنصيف وبمتساويات بعدّة آحاد آخر قسمة وتحصيل ما تألّف من تربيعه تجذير ولنورد هذه الاعمال فى فصول ۞

الفصل الاول (٢٠)

فى الجمع

ترسم العددين متحاذيين وتبدأ من اليمين بزيادة كل مرتبة على محاذيها فان حصل اقلّ من عشرة ترسم تحتها او ازيد فالزايد او عشرة فصفرا حافظا فى هذين للعشرة واحدا لتزيده على ما فى المرتبة التالية او ترسمه بجنب سابقه ان خلت او ترسمه فيها ۞ وكل مرتبة لا يحاذيها عدد فانقلها بعينها الى سطر الجمع ۞ وهذه صورته

٢٠٣٧٢
٧٦٥٦
———
٢٨٠٢٨

فان تكثّرت سطور الاعداد فارسمها متحاذية المراتب وابدأ من اليمين حافظا لكل عشرة واحدا كما عرفت وهذه صورته

٧ ٢ ٣ ٧ ٣
٣ ٣ ١ ٨
٥ ١ ٤
—————
٧ ٦ ٢ ٠ ٥

واعلم انّ التضعيف فى الحقيقة جمع المثلين الّا انك لا تحتاج الى رسم المثل بل تجمع كل مرتبة الى مثلها كانّه بحذائها وهذه صورته

٢ ٥ ٢ ٠ ٧ ٣
٥ ٠ ٤ ١ ٤ ٦

ولك الابتداء فى هذه الاعمال من اليسار الّا انك تحتاج الى المحو والاثبات ورسم الجداول وهو تطويل بلا طائل وهذه صورتها

جمع العددين

٥	٢	٥	٣	٧
٢	٧	٩	٤	٢
٧	٩	٤	٧	٩
٨	٠			

جمع الاعداد

٥	٣	٧	٣	٢
	٤	١	٧	٩
		١	٠	٥
٥	٧	٩	٠	٦
	٨	٠	١	

التضعيف

٢	٥	٠	٦	٧
٤	٠	٠	٢	٤
٥		١	٣	

واعلم انّ ميزان العدد ما يبقى منه بعد اسقاط تسعة تسعة وامتحان الجمع والتضعيف بجمع ميزانى المجموعين وتضعيف ميزان المضعّف واخذ ميزان المجتمع فان خالف ميزان الحاصل فالعمل خطأ ☆

(٣٨) الفصل الثانى
فى التنصيف

تبدأ من اليسار وتضع نصف كل تحته ان كان زوجا والصحيح من نصفه ان كان فردا حافظا للكسر خمسة لتزيدها على نصف

ما فى المرتبة السابقة ان كان فيها عدد غير الواحد وان كان واحدا او صفرا وضعت الخمسة تحته فان انتهت المراتب ومعك كسر فضع له صورة النصف هكذا

٨ ٧ ٣ ٠ ٣ ١ ٣ *)
٤ ٣ ٦ ٥ ١ ٥ ٦
١
٢

ولك ان تبدأ من اليمين راسما للجدول على هذه الصورة

١	٣	٦	٥	٤
	١	٣	٢	٢
	٦	٨		٧

والامتحان بتضعيف ميزان النصف واخذ ميزان المجتمع فان خالف ميزان المنصّف فالعمل خطأً ۞

الفصل الثالث (٤٥)
فى التفريق

تضعهما كما مرّ ونبدأ من اليمين وتنقص كل صورة من محاذيها وتضع الباقى تحت الخطّ العرضى فان لم يبق شئ فصفرا وان تعذّر النقصان منه اخذت اليه واحدا من عشراته ونقصت منه ورسمت الباقى فان خلت عشراته اخذت من مياته وهو عشرة

*) In der Calcuttaer Ausgabe heiſst dieses Schema ٨ ٧ ٣ ٠ ٣ ١ ٣
٤ ٣ ٥ ١ ٥ ٦
es ist also entweder in der zweiten Reihe das Zeichen ٦ zwischen ٣ und ٥ einzurücken, wie ich gethan habe, oder in der ersten die erste ٣ zu streichen. Der Paraphrast unterstützt meine Correctur.

بالنسبة الـــى عشراته فضع منه تسعة واعمل بالواحد ه عرفت وتمّم العمل (* هكذا

$$
\begin{array}{r}
٢٧٠٧٥٣ \\
٢٩٨٧٢ \\
\hline
٢٤٠٨٨١
\end{array}
$$

ولك ان تبدأ من اليسار هكذا

٩	٢	٦	٣
٦	٢	٧	٤
٣	٠	٩	٩
٢	٩	٨	

والامتحان بنقصان ميزان المنقوص عـن ميزان المنقوص منه ان امكـن والّا زيد عليه تسعة ونقص فالباقى ان خالف ميزان الباقى فالعمل خطأ ۞

(٥٦) الفصل الرابع
فى الضرب

وهـو تحصيل عدد نسبة احد المضروبيّن اليه كنسبة الواحد الى المضروب الآخر ومن هٰهنا علم ان الواحد لا تاثير له فـــى الضرب ۞ وهو (*** ثلثة مفرد فى مفرد او فى مركّب او مركّب فى مركّب ۞

والاول اما آحاد فى آحاد او آحاد (** فى غيرها او غيرها فى

---

*) In der Ausg. ist هكذا mit Persischen Lettern gedruckt, als ob dieses Wort und das darauf folgende Schema dem Commentar angehörten. Daſs es aber zum Texte gehört, beweist der Umstand, daſs der Paraphrast selbst es übersetzt: چنين است صورت عمل تفريق از جانب يمين

) In der Ausg. اوفى fehlerhaft. *) ثلثه ebenso.

غيرها ۞ اما الاول فهذا الشكل يتكفّل به (* ۞ واما الاخيران فردّ فيهما غير الآحاد التى سمّيها منها واضرب الآحاد فى الآحاد واحفظ للحاصل ثم اجمع مراتب المضروبين وابسط المجتمع من جنس متلوّ المرتبة الاخيرة ۞ ففى ضرب الثلثين فى الاربعين تبسط الاثنى عشر ميات اذ المراتب اربع والثالثة مرتبة الميات ۞ وفى ضرب الاربعين فى خمسماية تبسط العشرين الوفا اذ المراتب خمس ۞

واما الثانى والثالث فاذا حلّ المركّب الى مفرداته رجع الى الاول فاضرب المفردات بعضها فى بعض واجمع للحواصل ۞

(٦٦)

وللضرب قواعد لطيفة تعين على استخراج مطالب شريفة ۞

قاعدة فيما بين الخمسة والعشرة ۞ تبسط احد المضروبين عشرات وتنقص من الحاصل مضروبه فى فضل العشرة على المضروب الآخر ۞ مثالها ثمانية فى تسعة نقصنا من التسعين مضروب التسعة فى الاثنين (** بقى اثنان وسبعون ۞

قاعدة اخرى ۞ تجمع المضروبين وتبسط ما فوق العشرة عشرات وتزيد على الحاصل مضروب فضل العشرة على احدهما فى فضلها على الآخر ۞ مثالها ثمانية فى سبعة زدنا على الخمسين مضروب الاثنين فى الثلثة ۞

قاعدة فى ضرب الآحاد فى ما بين العشرة والعشرين ۞ تجمع المضروبين وتبسط الزائد على العشرة عشرات ثم تنقص من الحاصل مضروب ما بين المفرد والعشرة فى الآحاد التى مع المركّب ۞ مثالها ثمانية فى اربعة عشر نقصنا من الماية والعشرين مضروب الاثنين فى الاربعة ۞

---

*) Siehe den Nachtrag. **) In d. Ausg. بفى fehlerhaft.

قاعدة فى ضرب ما بين العشرة والعشرين بعضه فى بعض ۞ تزيد آحاد احدهما على مجموع الآخر وتبسط المجتمع عشرات ثم تضيف اليه مضروب الآحاد فى الآحاد ۞ مثالها اثناعشر فى ثلثةعشر زدنا على الماية والخمسين ستّة ۞

قاعدة ۞ كل عدد يضرب فى خمسة او خمسين او خمسماية فابسط نصفه عشرات او ميات او الوفا وخذ للكسر نصف ما اخذت للصحيح ۞ مثالها ستّةعشر فى خمسة فالجواب ثمانون ۞ او سبعة عشر فى خمسين فالجواب ثمان ماية وخمسون ۞

قاعدة فى ضرب ما بين العشرة والعشرين فيما بين العشرين والماية من المركّبات ۞ تضرب آحاد اقلّهما فى عدّة تكرار العشرة وتزيد الحاصل على اكثرهما وتبسط المجتمع عشرات وتزيد عليه مضروب الآحاد فى الآحاد ۞ مثالها اثناعشر فى ستّة وعشرين زدت الاربعة على الستّة والعشرين وبسطت الثلثين عشرات وتمّمت العمل حصل ثلثماية واثنا عشر ۞

قاعدة ۞ كل عدد يضرب فى خمسة عشر او فى ماية وخمسين او فى الف وخمسماية فزد عليه نصفه وابسط الحاصل عشرات او ميات او الوفا وخذ للكسر نصف ما اخذت للصحيح ۞ مثالها اربعة وعشرون فى خمسة عشر الجواب ثلثماية وستون ۞ او خمسة وعشرون فى ماية وخمسين الجواب ثلثة آلاف وسبعماية وخمسون ۞

قاعدة فى ضرب ما بين العشرين والماية ممّا تساوت عشراته بعضه فى بعض ۞ تزيد آحاد احدهما على الآخر وتضرب المجتمع فى عدّة تكرار العشرة وتبسط الحاصل عشرات وتزيد عليه مضروب الآحاد فى الآحاد ۞ مثالها ثلثة وعشرون

فــى خمسة وعشرين ضـربت الثمانية والعشـرين فــى الاثنين وبسطت الستّة والخمسين عشرات وتمّمت العمل حصل خمسماية وخمسة وسبعون ۞

قاعدة فيما (* اختلفت عدّة عشـرانه مما بين العشـرين والماية ۞ تضرب عدّة عشرات الاقلّ فــى مجموع الاكثر وتزيد عليه مضروب آحاد الاقـلّ فــى عدّة عشرات الاكثر وتبسط المجتمع عشرات وتضيف اليه مضروب الآحاد فى الآحاد ۞ مثالها ثلثة وعشرون فى اربعة وثلثين فزد على الثمانية والستّين تسعة واضف الى السبعماية والسبعين اثنى عشر ۞

قاعدة ۞ كل عددَيْن متفاضلين نصف مجموعهما مفرد تجمعها وتضرب نصف المجتمع فــى نفسه وتسقط من الحاصل مضروب نصف التفاضل بينهما فى نفسه ۞ مثالها اربعة وعشرون فــى ستّة وثلثين فاسقط من التسعماية مضروب نصف التفاضل فى نفسه اعنى ستّة وثلثين يبقى ثمانماية واربعة وستّون ۞

قاعدة ۞ قد يسهل الضرب بان تنسب احد المضروبين الى اوّل اعداد مرتبة فوقه وتاخذ بتلك النسبة من الآخر وتبسط الماخوذ من جنس المنسوب اليه والكسـر بحسبه ۞ مثالها خمسة وعشرون فى اثنى عشـر تنسب الاوّل الى الماية بالـربـع فتاخذ ربع الاثنى عشر وتبسط مبات ۞ او فــى ثلثة عشر فربعها ثلثة وربع فالجواب ثلثماية وخمسة وعشرون ۞

قاعدة ۞ قد يسهــل الضرب بان تضعّف احد المضروبين مـرّة فصاعدا وتنصّف الآخــر بعدّة ذالك وتضرب ما صار اليه احدهما فيما صار اليه الآخـر ۞ مثالها خمسة وعشرون فــى

---

*) In d. Ausg. احتلفت fehlerhaft.

ستة عشر فلو ضعّفت الاول مرّتين ونصّفت الثانى كذلك لرجع الى ضرب اربعة فى مائة وهو اظهر ۞

(٨٦)

تبصرة فان تكثرت المراتب وتصعّب العمل فاستعن بالقلم ۞ فان كان ضرب مفرد فى مركّب فارسمها ثم اضرب المفرد بصورته فى المرتبة الاولى وارسم آحاد الحاصل تحتها واحفظ لعشراته آحادا بعدّتها لتزيدها على حاصل ضرب ما بعدها ان كان عددا وان كان صفرا رسمت عدّة العشرات تحته وان لم يحصل آحاد فضع صفرا حافظا لكل عشرة واحدا لتفعل به ما عرفت ومتى ضربت فى صفر فارسم صفرا وان كان مع المفرد اصفار فارسمها عن يمين سطر الخارج ۞ مثاله خمسة فى هذا العدد ٦٢٠٤٣ وصورة العمل هكذا

٥

٦٢٠٤٣

٣١٠٢١٥

فلو كانت خمسماية لزدت قبل سطر الخارج صفرين هكذا ٣١٠٢١٥٠٠ ۞

(٩١)

وان كان ضرب مركّب فى مركّب فالطرق فيه كثيرة كالشبكة وضرب التوشيح والمحاذاة وغيرها والاشهر الشبكة ۞ ترسم شكلا ذا اربعة اضلاع وتقسمه الى مربّعات وكلّا منها الى مثلّثين فوقانى وتحتانى بخطوط مورّبة كما سترى وتضع احد المضروبين فوقه كل مرتبة على مربّع والآخر عن يساره الآحاد تحت العشرات وهى تحت المئات وهكذا ثم اضرب صور المفردات كلّا فى كل وضع الحاصل فى مربّع محاذاتهما آحاده فى المثلث التحتانى وعشراته فى الفوقانى واترك المربّعات المحاذية للصفر خالية ۞ فاذا

تمّ الحشو فضع ما فى المثلث التحتانى الايمن بعينه تحت الشكل فان خلا فصفرا وهو اول مراتب الحاصل ثم اجمع ما بين كل خطّين موربين وضع الحاصل عن يسار ما وضعت اوّلا فان خلا فصفرا كما فى الجمع ۞ مثاله اردنا هذا العدد ٦٢٣٧٤ فى هذا العدد ٢٠٧ وهذه صورة العمل

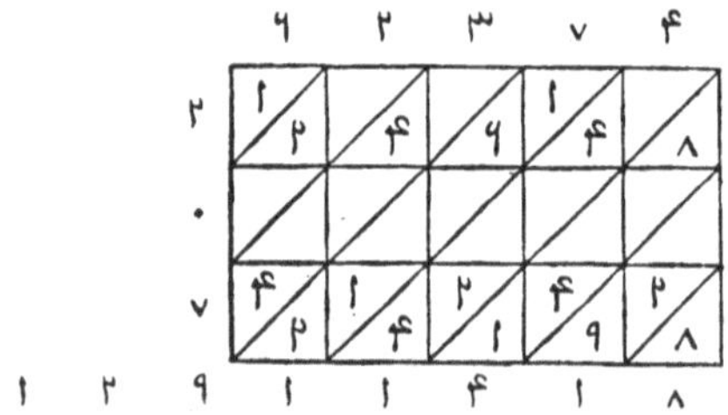

والامتحان بضرب ميزان المضروب فى ميزان المضروب فيه فميزان الحاصل ان خالف ميزان الخارج فالعمل خطأ ۞

الفصل الخامس (١٠٥)
فى القسمة

وهى طلب عدد نسبته الى الواحد كنسبة المقسوم الى المقسوم عليه فهى عكس الضرب ۞ والعمل فيها ان تطلب عددا اذا ضربته فى المقسوم عليه ساوى الحاصل المقسوم او نقص عنه باقلّ من المقسوم عليه ۞ فان ساواه فالمفروض خارج القسمة وان نقص عنه كذلك فانسب ذلك الاقلّ الى المقسوم عليه فحاصل النسبة مع ذالك العدد هو الخارج ۞

فان تكثّرت الاعداد فارسم جدولا سطوره بعدّة مراتب المقسوم وضعها خلالها والمقسوم عليه تحته بحيث يحاذى

(* آخره آخره ان لم يزد المقسوم عليه من محاذيه من المقسوم اذا حاذاه والّا فبحيث يحاذى متلوّ آخر المقسوم ۞ ثم تطلب اكثر عدد من الآحاد يمكن ضربه فى واحد واحد من مراتب المقسوم عليه ونقصان الحاصل مما يحاذيه من المقسوم ومما على يساره ان كان شىء واضعا (** الباقى تحت خطّ فاصل ۞ فاذا وجدت وضعته فوق الجدول محاذيا لاولى مراتب المقسوم عليه وعملت به ما عرفت ۞ ثم تنقل المقسوم عليه الى اليمين بمرتبة او ما بقى من المقسوم الى اليسار بعد خطّ عرضى ۞ ثم تطلب اعظم عدد آخر كما مرّ وضعه من يمين الاول واعمل به ما عرفت ۞ فان لم يوجد فضع صفرا وانقل كما مرّ وهكذا ليصير اوّل المقسوم محاذيا لاوّل المقسوم

	١	٨	٤	١	٠
٩	٧	٥	٧	٤	١
٥	٣				
٤	٤				
٤	٠				
	٤				
	٢	٤			
	٢	١			
	٢	٠			
		١			
		١	٢		
			٥		
			٥	٣	
				١	
				٥	٣
			٥	٣	
		٥	٣		
	٥	٣			
٥	٣				

عليه فيكون الموضوع اعلى الجدول خارج القسمة ۞ فان بقى من المقسوم شىء فهو كسر مخرجه المقسوم عليه ۞ مثاله هذا العدد ٩٧٥٧٤١ على هذا العدد ٥٣ فخارج القسمة ١٨٤١٠ من الصحاح واحد عشر جزءا من ثلثة وخمسين اذا فرض واحدا وهذه صورته ۞

*) In d. A. آخره Druckfehler.

**) In der Ausg. للباقى

والامتحان بضرب ميزان الخارج فى ميزان المقسوم عليه وزيادة ميزان الباقى ان كان على الحاصل فميزان المجتمع ان خالف ميزان المقسوم فالعمل خطأ ✡

الفصل السادس (١٣٦)
فى استخراج الجذر

المضروب فى نفسه يسمّى جذرا فى المحاسبات وضلعا فى المساحة وشيًا فى الجبر والمقابلة ويسمّى الحاصل مجذورا ومربّعا ومالا ✡

والعدد ان كان قليلا فاستخراج جذره لا يحتاج الى تامّل ان كان منطقا ✡ وان كان اصمّ فاسقط منه اقرب المجذورات اليه وانسب الباقى الى مضعّف جذر المسقط مع واحد فجذر المسقط مع حاصل النسبة هو جذر الاصمّ بالتقريب ✡

وان كان كثيرا فضعه خلال جدول كالمقسوم واعلم مراتبه بتخطى مرتبة مرتبة ثم اطلب اكثر عدد من الآحاد اذا ضرب فى نفسه ونقص الحاصل مما يحاذى العلامة الاخيرة ومما عن يساره افناه او بقى اقلّ من المنقوص منه فاذا وجدته وضعته فوقها وتحتها بمسافة وضربت الفوقانى فى التحتانى ووضعت الحاصل تحت العدد المطلوب جذره بحيث يحاذى آحاده المضروب فيه ونقصته ممّا يحاذيه وممّا عن يساره ووضعت الباقى تحته بعد الفاصلة ثم تزيد الفوقانى على التحتانى وتنقل الجميع الى اليمين بمرتبة ثم تطلب اعظم عدد كذلك اذا وضعته فوق العلامة التى قبل العلامة الاخيرة وتحتها امكن ضربه فى مرتبة مرتبة من التحتانى ونقصان الحاصل ممّا يحاذيه

ومِمّا عن يساره فاذا وجد العدد عملت به ما عرفت وزدت الفوقانى على التحتانى ونقلت ما فى السطر التحتانى الى اليمين بمرتبة ☆ وان لم يوجد فضع فوق العلامة وتحتها صفرا وانقل ☆ (* وهكذا الى ان يتمّ العمل فما فوق الجدول هو الجذر فان لم يبق شئٌ تحت الخطوط الفواصل فالعدد منطق وان بقى فاصمّ وتلك البقية كسر مخرجها ما يحصل من زيادة ما فوق العلامة الاولــى مع واحد على التحتانى ☆ مثاله اردنا ان ناخذ جذر هذا العدد ١٢٨١٧٢ وعملنا ما قلنا صار هكذا ☆ وبقى تحت الخطوط الفواصل ثمانية فهــى كسر مخرجها الحاصل من زيادة ما فوق العلامة الاولى وواحد علــى التحتانى اعنى ٧١٧ ☆

	٣.		٥.		٨.
١	٢	٨	١	٧	٢
	٩				
	٣				
	٣	٠			
		٨			
		٦	٥		
		٥	٦		
		٥	٦	٦	٤
					٨
			٧	١	٧
			٧	٠	٨
		٦	٥		
	٣				

والامتحان بضرب ميزان الخارج فــى نفسه وزيادة ميزان الباقى ان كان على الحاصل فميزان المجتمع ان خالف ميزان العدد فالعمل خطأً ☆

☆ ☆

☆

*) Die Ausgabe schiebt hier das Wort فاحفظ ein, welches augenscheinlich dem Commentar angehört.

(١٤٥)

الباب الثانى

فى حساب الكسور
وفيه ثلث مقدّمات وستّة فصول

المقدّمة الاولى

كلّ عددين غير الواحد ان تساويا فتماثلان والّا فان افنى اقلّهما الاكثر فتداخلان والّا فان عدّهما ثالث فتوافقان والكسر الذى هو مخرجه وفقهما والّا فتباينان ۞ والتماثل بيّن وتعرف البواقى بقسمة الاكثر على الاقلّ فان لم يبق شئ فتداخلان وان بقى قسمنا المقسوم عليه على الباقى وهكذا الى ان لا يبقى شئ فالعددان متوافقان والمقسوم عليه الاخير هو العادّ لهما او يبقى واحد فتباينان ۞

ثم الكسر امّا منطق وهو الكسور التسعة المشهورة او اصمّ ولا يمكن التعبير عنه الّا بالجزء وكل منها امّا مفرد كالثلث وجزء من احدعشر او مكرّر كالثلثين وجزءين من احدعشر او مضاف كنصف السدس وجزء من احد عشر من جزء من ثلثة عشر او معطوف كالنصف والثلث وجزء من احد عشر وجزء من ثلثة عشر ۞

واذا رسمت الكسر فان كان معه صحيح فارسمه فوقه والكسر تحته فوق المخرج والّا فضع صفرا (* مكانه وفى

*) ? Soll wohl بمكانه heifsen.

المعطوف (* ترسمون الواو وفى الاصمّ المضاف من ※ فالواحد
والثلثان هكذا ١
٢
٣

ونصف خمسة اسداس هكذا ١
٢
٥
٦

والخمسان وثلثة ارباع هكذا ٢ و ٣
٥ ٤

وجزء من احدعشر من جزء من ثلثة عشر هكذا ١ من ١
١١ ١٣

(١٥٨) المقدّمة الثانية

مخرج الكسر اقلّ عدد يصحّ منه فمخرج المفرد ظاهر وهو بعينه مخرج المكرّر ومخرج المضاف مضروب مخارج مفرداته بعضها فى بعض ※ امّا المعطوف فاعتبر مخرجى كسرين منه فان تباينا فاضرب احدهما فى الآخر او توافقا فوفق احدهما فى الآخر او تداخلا فاكتف بالاكثر ثم اعتبر الحاصل مع مخرج الكسر الثالث واعمل ما عرفت وهكذا فالحاصل هو المطلوب ※ ففى تحصيل مخرج الكسور التسعة تضرب الاثنين فى الثلثة للتباين والحاصل فى نصف الاربعة للتوافق والحاصل فى الخمسة للتباين والستّة داخلة فى الحاصل فاكتف به واضربه فى السبعة المباينة والحاصل فى ربع الثمانية والحاصل فى ثلث التسعة

*) Soll wohl يرسمون oder نرسمون oder نرسم heiſsen.

للتوافق والعشرة داخلة فى الحاصل وهو الفان وخمسماية وعشرون فاكتف به وهو المطلوب ✿

تتمّة ✿ ولك ان تعتبر مخارج مفرداته فما كان منها داخلا فى غيره فاسقطه واكتف بالاكثر وما كان منها موافقا فاستبدل به وفقه واعمل بالوفق كذلك ليؤول المخارج الى التباين فاضرب بعضها فى بعض فالحاصل هو المطلوب ✿ ففى المثال تسقط الاثنين والثلثة والاربعة والخمسة لدخولها فى البواقى والستّة توافق الثمانية بالنصف فاستبدل بها نصفها وهو داخل فى التسعة فاسقطه (* والثمانية توافق العشرة بالنصف فاضرب خمسة فى الثمانية والحاصل فى السبعة والحاصل فى التسعة وهو المطلوب ✿

لطيفة ✿ يحصل مخرج الكسور التسعة من ضرب ايّام الشهر فى عدّة الشهور والحاصل فى ايّام الاسبوع ✿ ومن ضرب مخارج الكسور التى فيها حرف العين بعضها فى بعض ✿ وسئل امير المؤمنين علىّ عليه السلام عن ذلك فقال اضرب ايّام اسبوعك فى ايّام سنتك ✿

(** المقدّمة الثالثة (١٧٣)
فى التجنيس والرفع

امّا التجنيس فجعل الصحيح كسورا من جنس كسر معيّن والعمل فيه اذا كان مع الصحيح كسر ان تضرب الصحيح فى مخرج الكسر وتزيد عليه صورة الكسر ✿ فجنّس الاثنين

---

*) Auch hier ist فاحفظ aus dem Commentar in den Text gekrochen. **) I. d. A. المقدّمة

والربع تسعة ارباع ومجنّس الستّة وثلثة اخماس ثلثة وثلثون خمسا ومجنّس الاربعة وثلث سبع (* خمسة وثمانون ☆

واما الرفع فجعل الكسور صحاحا فاذا كن معنا كسر عدده اكثر من مخرجه قسمناه على مخرجه فالخارج صحيح والباقى كسر من ذلك المخرج ☆ فرفوع خمسة عشر ربعا ثلثة وثلثة ارباع ☆

(١٧٨) الفصل (** الاول

في جمع الكسور وتضعيفها

يوخذ من المخرج المشترك مجموعه او مضعّفه ويقسم عددها ان زاد عليه فالخارج صحاح والباقى كسور منه وان نقص عنه نسب اليه وان ساواه فالحاصل واحد ☆ فالنصف والثلث والربع واحد ونصف سدس ☆ والسدس والثلث نصف ☆ والنصف والثلث والسدس واحد ☆ وضعف ثلثة اخماس واحد وخمس ☆

(١٨١) الفصل الثانى

في تنصيف الكسور وتفريقها

اما التنصيف فان كان الكسر زوجا نصّفته او فردا ضعّفت المخرج ونسبت الكسر اليه وهو ظاهر ☆

---

*) Die Ausgabe schiebt fehlerhaft خُمْس ein; dagegen ist am Ende wahrscheinlich der Nenner ثلث سبع weggefallen.

**) In d. Ausg. لاوّل

وامّا التفريق فتنقص احدهما من الآخر بعد اخذهما من المخرج المشترك وتنسب الباقى اليه ✿ فان نقصت الربع من الثلث بقى نصف سدس ✿

الفصل الثالث (١٨٤)
فى ضرب الكسور

ان كان الكسر فى احد الطرفين فقط مع صحيح او بدونه فاضرب المجنّس او صورة الكسر فى الصحيح ثم اقسم الحاصل على المخرج او انسبه اليه ✿ ففى ضرب اثنين وثلثة اخماس فى اربعة المجنّس فى الصحيح اثنان وخمسون قسمناه على خمسة خرج عشرة وخمسان ✿ وفى ضرب ثلثة ارباع فى سبعة قسمنا احدا وعشرين على اربعة خرج خمسة وربع وهو المطلوب ✿

وان كان الكسر فى كلا الطرفين والصحيح معهما او مع احدهما او لا فاضرب المجنّس فى المجنّس او فى صورة الكسر او الصورة فى الصورة وهو الحاصل الاوّل ثم المخرج فى المخرج وهو الحاصل الثانى واقسم الاوّل عليه او (* انسبه اليه فالخارج هو المطلوب ✿ فالحاصل من ضرب اثنين ونصف فى ثلثة وثلث ثمانية وثلث والحاصل من اثنين وربع فى خمسة اسداس واحد وسبعة اثمان ومن ثلثة ارباع فى خمسة اسباع نصف وربع سبع ✿

الفصل الرابع (١٩٠)
فى قسمة الكسور

وهى ثمانية اصناف كما يشهد به التأمّل والعمل فيها ان تضرب

*) In d. Ausg. انسبة fehlerhaft.

المقسوم والمقسوم عليه فى المخرج المشترك ان كان الكسر فى كلا الطرفين او فى المخرج الموجود ان كان احدهما فقط ذا كسر ثم تقسم حاصل المقسوم على حاصل المقسوم عليه او تنسبه منه ☆ فالخارج من قسمة خمسة وربع على ثلثة واحد وثلثة ارباع وبالعكس اربعة اسباع ☆ ومن السدسين على السدس اثنان كما يشهد به تعريف القسمة بما مرّ وعليك باستخراج باقي الامثلة ☆

(١٩٩) الفصل الخامس

في استخراج جذر الكسور

ان كان مع الكسر صحيح جنّس ليرجع الكلّ كسورا ثم ان كان الكسر والمخرج منطقين قسمت جذر الكسر على جذر المخرج او نسبته منه ☆ فجذر ستّة وربع اثنان ونصف وجذر اربعة اتساع ثلثان ☆ وان لم يكونا منطقين ضربت الكسر فى المخرج واخذت جذر الحاصل بالتقريب وقسمته على المخرج ☆ ففى تجذير ثلثة ونصف تضرب سبعة فى اثنين وتاخذ جذر الحاصل بالتقريب وهو ثلثة وخمسة اسباع وتقسمه على اثنين ليخرج واحد وستّة اسباع ☆

(٢٠٠) الفصل السادس

في تحويل الكسر من مخرج الى مخرج

اضرب عدد الكسر فى المخرج المحوّل اليه واقسم الحاصل

على مخرجه فالخارج هو الكسر المطلوب من المخرج المحوّل اليه ۞ فلو قيل خمسة اسباع كم ثمنا قسمت اربعين على سبعة خرج خمسة اثمان وخمسة اسباع ثمن ۞ ولو قيل كم سدسا فالجواب اربعة اسداس وسبعا سدس ۞

۞ ۞

۞

(۲۰۳)

الباب الثالث

في استخراج المجهولات بالاربعة المتناسبة

وهي ما نسبة اوّلها الى ثانيها كنسبة ثالثها الى رابعها ويلزمها مساواة مسطّح الطرفين لمسطّح الوسطين كما برهن عليه فاذا جهل احد الطرفين فاقسم مسطّح الوسطين على الطرف المعلوم او احد الوسطين فاقسم مسطّح الطرفين على الوسط المعلوم فالخارج هو المطلوب ٭ والسوال امّا ان يتعلّق بالزيادة والنقصان او بالمعاملات ونحوها ٭

فالاوّل نحو ايّ عدد اذا زيد عليه ربعه صار ثلثة مثلا ٭ والطريق ان تاخذ مخرج الكسر وتسمّى الماخذ وتتصرّف فيه بحسب السوال فما انتهيت اليه تسمّى الواسطة فيحصل معك معلومات ثلثة الماخذ والواسطة والمعلوم وهو ما اعتناه السائل بقوله صار كذا ونسبة الماخذ وهو الاوّل الى الواسطة وهو الثاني كنسبة المجهول وهو الثالث الى المعلوم وهو الرابع فاضرب الماخذ في المعلوم واقسم الحاصل على الواسطة فيخرج المجهول وهو في المثال اثنان وخمسان ٭

وامّا الثاني فكما لو قيل خمسة ارطال بثلثة دراهم رطلان بكم فخمسة ارطال المُسْعَر والثلثة السِعر والرطلان المُثْمَن والمسئول عنه الثّمن ونسبة المسعر الى السعر كنسبة

المثمن الى الثمن فالمجهول الرابع فاقسم مسطّح الوسطين وهو ستّة على الاوّل وهو خمسة ✿ ولو قيل كم رطلا بدرهمين فالمجهول المثمن وهو الثالث فاقسم مسطّح الطرفين وهو عشرة على الثانى وهو ثلثة ✿ ومن هٰهنا اخذ قولهم تضرب آخر السؤال فى غير جنسه وتقسم الحاصل على جنسه ✿

(* وهذا الباب عظيم النفع فاحفظه وهو المستعان ✿

✿ ✿

✿

*) In d. Ausg. هذا ادبٌ.

(٢١٣)

الباب الرابع

فى استخراج المجهولات بحساب الخطأين

تفرض المجهول ما شئت وتسمّيه المفروض الاوّل وتتصرّف فيه بحسب السوال فان طابق فهو وان اخطأ (* بزيادة او نقصان فهو الخطأ الاوّل ثم (** تفرض آخر وهو المفروض الثانى فان اخطأ حصل الخطأ الثانى ثم اضرب المفروض الاوّل فى الخطأ الثانى وسمّه المحفوظ الاوّل والمفروض الثانى فى الخطأ الاوّل وهو المحفوظ الثانى فان كان الخطآن زائدين او ناقصين فاقسم الفضل بين المحفوظين على الفضل بين الخطأين وان اختلفا فمجموع المحفوظين على مجموع الخطأين ليخرج المجهول ☆

فلو قيل اىّ عدد زيد عليه ثلثاه ودرهم حصل عشرة فان فرضته تسعة فالخطأ الاوّل ستّة زائدة او ستّة فالخطأ الثانى واحد زائد فالمحفوظ الاوّل تسعة والثانى ستّة وثلثون والخارج من قسمة الفضل بينهما على الفضل بين الخطأين خمسة وخمسان وهو المطلوب ☆

---

*) In d. Ausg. بزيدة Druckfehler.

**) In d. Ausg. تفرص ebenfalls.

ولــو قيل اىّ عدد زيد عليه ربعه وعلــى الحاصل ثلثة اخماسه ونقص من المجتمع خمسة دراهم عاد الاوّل فلو فرضته اربعة اخطأت بــواحــد ناقص او ثمانية فبثلثة زائدة وخارج قسمة مجموع المحفــوظين على مجموع الخطأين خمسة وهــو المطلوب ۞

۞ ۞

۞

الباب الخامس

فى استخراج المجهولات بعمل بالعكس وقد يسمّى بالتحليل والتعاكس

وهو العمل بعكس ما اعطاه السائل فان ضعّف فنصّف او زاد فانقص او ضرب فاقسم او جذّر فربّع او عكس فاعكس مبتديا من آخر السؤال ليخرج الجواب ☆

فلو قيل اىّ عدد ضرب فى نفسه وزيد على الحاصل اثنان *) وضعّف وزيد على الحاصل **) ثلثة دراهم ***) وقسم المجتمع على خمسة وضرب الخارج فى عشرة حصل خمسون فاقسمها على العشرة واضرب الخمسة فى مثلها وانقص من الحاصل ثلثة ومن منصّف الاثنين والعشرين اثنين وجذّر التسعة فجذر التسعة جواب ☆

ولو قيل اىّ عدد زيد عليه نصفه واربعة دراهم وعلى الحاصل كذلك بلغ عشرين فانقص الاربعة ثمّ ثلث الستّة عشر لانّه النصف المزيد يبقى عشرة وثلثان ثمّ انقص منه اربعة ومن الباقى ثلثه يبقى اربعة واربعة اتساع وهو الجواب والله اعلم بالصواب ☆

☆ ☆

☆

*) In d. Ausg. وصغّف Druckfehler.

**) In d. Ausg. ثلثة Druckfehler.

***) In d. Ausg. وقُسِّمَ, während durchweg sonst die erste Conjugation dieses Verbums gebraucht wird.

الباب السادس

في مساحة
وفيه مقدّمة وثلثة فصول

مقدّمة

المساحة استعلام ما في الكمّ المتّصل القارّ من امثال الوحد الخطّي او ابعاضه او كليهما ان كان خطّا او امثال مربّعه كذلك ان كان سطحا او امثال مكعّبه كذلك ان كان جسما ✿

فالخطّ ذو الامتداد الواحد فمنه مستقيم وهو اقصر الخطوط الواصلة بين نقطتين وهو المراد اذا اطلق واسماءه العشرة مشهورة ولا يحيط مع مثله بسطح وغير المستقيم منه فرجاري وهو معروف وغير فرجاري ولا بحث لنا عنه ✿

والسطح ذو الامتدادين فقط ومستويه ما يقع الخطوط المخرجة عليه في اىّ جهة عليه فان احاط به واحد فرجاري فدائرة والخطّ المنصّف لها قطر وغير المنصّف وتر لكلّ من القوسين وقاعدة لكلّ من القطعتين او قوس من دائرة ونصفا قطريها ملتقيين عند مركزها فقطاع وهو اكبر واصغر او قوسان تحديبهما الى جهة غير اعظم من نصفي دائرتين فهلالي او اعظم فنعلي او مختلفا التحديب متساويان كل اصغر من النصف فاهليلجي او اعظم فشلجمي ✿ او ثلثة مستقيمة

فمثلث متساوى الاضلاع او الساقين او مختلفها قائم الزاوية او منفرجها او حادّ الزوايا ٭ او اربعة متساوية فمربّع ان قامت والّا فمعيّن وغير المتساوية مع تساوى المتقابلين مستطيل ان قامت والّا فشبيه المعيّن وما عداها منحرفات وقد يخصّ بعضها باسم كذى الزنقة والزنقتين وفنّاء ٭ او اكثر من اربعة اضلع فكثير الاضلاع فان تساوت قيل مخمّس ومسدّس وهكذا والّا فذو خمسة اضلاع وذو ستّة اضلاع وهكذا الى العشرة فيهما ثم ذو احدى عشرة قاعدة واثنى عشرة قاعدة وهكذا فيهما وقد يخصّ البعض باسم كالمدرّج والمذنّب وذى الشرف بضمّ الشين ٭

والجسم ذو الامتدادات الثلثة فان احاطه سطح يتساوى الخارجة من داخله اليه فكرة ومنتصفها من الدوائر عظيمة والّا فصغيرة ٭ او ستّة مربّعات متساوية فمكعّب ٭ او دائرتان متساويتان متوازيتان وسطح واصل بينهما بحيث لو ادير مستقيم واصل بين محيطيهما عليهما ماسّه بكلّه فى كل الدورة فاسطوانة وهما قاعدتاها والواصل بين مركزيهما سهمها فان كان عمودا على القاعدة فاسطوانة قائمة والّا فمائلة ٭ او دائرة وسطح صنوبرى مرتفع من محيطها متضائقا الى نقطة بحيث لو ادير مستقيم واصل ماسّه بكلّه فى كل الدورة فمخروط قائم او مائل وهى قاعدته والواصل بين مركزها والنقطة سهمه وان قطع بمستو يوازيها فما يليها منه مخروط ناقص ٭ وقاعدة المخروط والاسطوانة ان كانت مضلّعة فكلّ منهما مضلّع مثلها ٭

فهذه اكثر الاصطلاحات المتداولة فى هذا الفنّ ٭

الفصل الاوّل (٢٥٥)

فى مساحة السطوح المستقيمة الاضلاع

امّا المثلّث فقائم الزاوية منه تضرب احد المحيطين بها فى نصف الاخر ۞ ومنفرجها تضرب العمود المخرج منها على وترها فى نصف الوتر او بالعكس ۞ وحادّ الزوايا تضربه مخرجا من ايّتها على وترها كذلك ۞ ويعرف انّه اىّ الثلثة بتربيع اطول اضلاعه فان ساوى للحاصل مربّعى الباقيين فهو قائم الزاوية او زاد فمنفرجها او نقص (*فحادّ الزوايا ۞ وقد يستخرج العمود بجعل الاطول قاعدة وضرب مجموع الاقصرين فى تفاضلهما وقسمة للحاصل عليها ونقص للخارج منها فنصف الباقى هو بعد موقع العمود عن طرف اقصر الاضلاع فاقم منه خطّا الى الزاوية فهو العمود فاضربه فى نصف القاعدة يحصل المساحة ۞ ومن طرق مساحة متساوى الاضلاع ضرب مربّع ربع مربّع احدها فى ثلثة ابدا فجذر للحاصل جواب ۞

وامّا المربّع فاضرب احد اضلاعه فى نفسه والمستطيل فى مجاوره والمعيّن نصف احد قطريه فى كلّ الآخر وباقى ذوات الاربعة تقسم بمثلثين فمجموع المساحتين مساحة المجموع ولبعضها طرق خاصّة لا تسعها هذه الرسالة ۞

وامّا كثير الاضلاع فالمسدّس والمثمّن فصاعدا من زوج الاضلاع تضرب نصف قطره فى نصف مجموعها فالحاصل جواب وقطره الواصل بين منتصفى متقابليه ۞ وما عداها يقسم

---

*) In d. Ausg. فالحادّ Vrgl. indessen Sacy Gram. Arabe, Ed. 2. Tome II, §. 332.

بمثلثات ويمسح وهو يعمّ الكلّ وبعضها طرق كذوات الاربعة ۞

(٣٤٩) الفصل الثانى

فى مساحة بقيّة السطوح

امّا الدائرة فطبّق خيطًا على محيطها واضرب نصف قطرها فى نصفه او انقص من مربّع القطر سبعه ونصف سبعه او اضرب مربّع القطر فى احد عشر واقسم الحاصل على اربعة عشر ۞ وان ضربت (* القطر فى ثلثة وسبع حصل المحيط او قسمت المحيط عليه خرج القطر ۞ وامّا قطاعها فاضرب نصف القطر فى نصف القوس ۞ وامّا قطعتاها فحصّل (** مركزيهما واجعلهما قطاعين ليحصل مثلّث فانقصه من القطاع الاصغر ليبقى مساحة الصغرى او زده على الاعظم ليحصل مساحة الكبرى ۞ وامّا الهلالىّ والنعلىّ فصل طرفيهما بخطّ مستقيم وانقص مساحة الصغرى من الكبرى ۞ وامّا الاهليلجى والشلجمى فاتسمهما (*** قطعتين ۞

وامّا سطح الكرة فاضرب قطرها فى محيط عظيمتها او مربّع قطرها فى اربعة وانقص من الحاصل سبعه ونصف سبعه ۞ ومساحة سطح قطعتها تساوى مساحة دائرة نصف قطرها يساوى خطًّا واصلا بين قطب القطعة ومحيط قاعدتها ۞

---

*) In d. Ausg. القطرا fehlerhaft.

) Soll wohl مركزها heifsen, da beide Segmente doch nur ein Centrum haben; oder es sind unter dem Dualis قطعتاها die beiden Arten von Segmenten, das gröfsere und das kleinere gemeint, ohne Rücksicht darauf, ob beide demselben Kreise angehören. *) Vielleicht بقطعتين

وامّا سطح الاسطوانة المستديرة القائمة فاضرب الواصل بين قاعدتيها الموازى لسهمها فى محيط القاعدة ✿

وامّا سطح المخروط القائم فاضرب الواصل بين راسه ومحيط قاعدته فى نصف محيطها ✿

وما لم يذكر من السطوح يستعان عليه بما ذكر ✿

الفصل الثالث (٢٧٩)
فى مساحة الاجسام

امّا الكرة فاضرب نصف قطرها فى ثلث سطحها او الق من مكعّب القطر سبعه ونصف سبعه ومن الباقى كذلك ومن الباقى كذلك ✿ وامّا قطعتها فاضرب نصف قطر الكرة فى ثلث سطح القطعة ✿

وامّا الاسطوانة مطلقا فاضرب ارتفاعها فى مساحة قاعدتها ✿

وامّا المخروط التامّ مطلقا فاضرب ارتفاعه فى ثلث مساحة قاعدته ✿

وامّا المخروط الناقص المستدير فاضرب قطر قاعدته العظمى فى ارتفاعه واقسم الحاصل على التفاوت بين قطرى القاعدتين يحصل ارتفاعه لو كان تامّا والتفاضل بين ارتفاعى التامّ والناقص ارتفاع المخروط الاصغر المتمّم له فاضرب ثلثه فى مساحة القاعدة الصغرى يحصل مساحته فاسقطها من مساحة التامّ ✿

وامّا المضلّع فاضرب ضلعا من قاعدته العظمى فى ارتفاعه واقسم الحاصل على التفاضل بين احد اضلاعها وآخر من الصغرى ليحصل (* ارتفاع التامّ وكمّل العمل ✿

*) In d. Ausg. مساحة gegen den Sinn.

وبراهين جميع هذه الاعمال مفصّلة فى كتابنا الكبير المسمّى ببحر الحساب وفّقنا الله تعالى (* لاتمامه ۞

۞ ۞

۞

*) In d. Ausg. لاتمامنه. Vergl. X,9 am Ende. Das Aufgeben des Suffixums würde den Artikel nothwendig machen, wie am Ende des neunten Kapitels.

الباب السابع (٣٩٠)

فيما ينبع المساحات من وزن الارض لاجراء القنوات ومعرفة ارتفاع المرتفعات وعروض الانهار واعماق الآبار وفيه ثلثة فصول

الفصل الاوّل (٣٩١)

فى وزن الارض لاجراء القنوات

اعمل صفيحة من نحاس ونحوه متساوية الساقين وبين طرفى قاعدتها عروتان وفى موقع العمود منها خيط مثقّل واسلكها فى منتصف خيط وضع طرفيه على خشبتين مقوّمتين متساويتين معدّلتين بالثقالتين والجلاجل بيدى رجلين بينهما بقدر الخيط وقد جرت العادة بكون الخيط خمسة عشر ذراعا بذراع اليد وكلّ من الخشبتين خمسة اشبار وانظر الى الشاقول فان انطبق على زاوية الصفيحة فالموضعان متساويان والّا فنزّل الخيط عن راس الخشبة الى ان يحصل الانطباق ومقدار النزول هو الزيادة ثم انقل احد الرجلين الى الجهة التى تريد وزنها وتحفظ كلّا من الصعود والنزول على حدة وتلقى القليل من الكثير فالباقى تفاوت المكانين فان تساويا شقّ اجراء الماء والّا سهل او امتنع ✿ وان شئت فاعمل انبوبة واسلكها فى الخيط واستعن بالماء واستغن عن الشاقول والصفيحة ✿

طريق آخر ✿ قف على البئر الاوّل وضع عضادة الاسطرلاب

على خطّ المشرق والمغرب ويأخذ آخر قصبة يساوى طولها عمقه ويذهب فى الجهة التى تريد سوق الماء اليها ناصبا لها الى ان ترى راسها من الثقبتين فهناك يجرى الماء على وجه الارض ۞ وان بعدت المسافة بحيث لا ترى راسها فاشتعل فيه سراجا واعمل ذلك ليلا ۞ وهو اعلم ۞

(٣٩٩) الفصل الثانى

فى معرفة ارتفاع المرتفعات

ان امكن الوصول الى مسقط حجرها وكانت فى ارض مستوية فانصب شاخصا وقف بحيث يمرّ شعاع بصرك على راسه الى راس المرتفع ثم امسح من موقفك الى اصله واضرب المجتمع فى فضل الشاخص على قامتك واقسم الحاصل على ما بين موقفك واصل الشاخص وزد قامتك على الخارج فهو المطلوب ۞

طريق آخر ۞ ضع على الارض مرآة بحيث ترى راس المرتفع فيها واضرب ما بينها وبين اصله فى قامتك واقسم الحاصل على ما بينها وبين موقفك فالخارج هو الارتفاع ۞

طريق آخر ۞ انصب شاخصا واستعلم نسبة ظلّه اليه فهى بعينها نسبة ظلّ المرتفع اليه ۞

طريق آخر ۞ استعلم قدر الظلّ وارتفاع الشمس مَه فهو قدر المرتفع ۞

طريق آخر ۞ ضع شظيّة الاسطرلاب على مَه وقف بحيث ترى راس المرتفع من الثقبتين ثم امسح من موقفك الى اصله وزد قامتك على الحاصل فالمجتمع هو المطلوب ۞

وبراهين هذه الاعمال مبيّنة فى كتابنا الكبير ۞ ولى على

الطريق الاخير برهان لطيف لم يسبقنى اليه احد اوردته فى تعليقاتى على فارسيّة الاسطرلاب ۞

وامّا ما لا يمكن الوصول الى مسقط حجره كالجبال فابصر راسه من الثقبتين ولاحظ الشظية التحتانيّة على اىّ خطوط الظلّ وقعت واعلم موقفك وادرها الى ان تزيد او تنقص قدم او اصبع ثم تقدّم او تأخّر الى ان تبصر راسه مرّة اخرى ثم امسح ما بين موقفيك واضربه فى سبعة او اثنى عشر بحسب الظلّ ۞

الفصل الثالث (٣١٠)

فى معرفة عروض الانهار واعماق الآبار

امّا الاوّل فقف على شاطئ النهر وانظر جانبه الآخر من ثقبتى العضادة ثم در الى ان ترى شيئًا من الارض منهما والاسطرلاب على وضعه فما بين موقفك وذلك الشئ يساوى عرض النهر ۞

وامّا الثانى فانتصب على البئر ما يكون بمنزلة قطر تدويره والق ثقيلا مشرقا من منتصف القطر بعد اعلامه ليصل الى قعر البئر بطبعه ثم انظر المشرق من ثقبتى العضادة بحيث يمرّ الخط الشعاعىّ مقاطعا للقطر اليه واضرب ما بين العلامة ونقطة التقاطع فى قامتك واقسم الحاصل على ما بين النقطة وموقفك فالخارج عمق البئر ۞

۞ ۞

۞

(۳۱۳)

الباب الثامن

في استخراج المجهولات بطريق الجبر والمقابلة
وفيه فصلان

الفصل الأوّل
فـــي المقدّمات

يسمّـــى المجهول شيئًا ومضروبه فـــي نفسه مالا وفيه كعبا وفيه مالَ مالٍ وفيه مالَ كعبٍ وفيه كعبَ كعبٍ وهكذا الى غير النهاية بتعبير مالين ثم احدهما كعبا ثم كلّ منهما كعبا فسابـــع المـــراتب مالُ مالِ الكعبِ وثامنها مال كعب الكعب وتاسعها كعب كعب الكعب وهكذا والكلّ متناسبة صعودا ونزولا فنسبة مال المال الـــى الكعب كنسبة الكعب الـــى المال والمال الـــى الشيءُ والشيءُ الـــى الواحد والواحد الـــى جزء الشيءُ وجزء الشيءُ الـــى جزء المال وجزء المال الى جزء الكعب وجزء الكعب الى جزء مال المال ۞

واذا اردت ضرب جنس في آخر فان كانا فـــي طرفٍ واحدٍ فاجمع مراتبهما وحاصل الضرب سمـــيّ المجموع كمال الكعب في مال مال الكعب الأوّل خماسيّ والثاني سباعيّ فالحاصل كعب كعب كعب الكعب اربعا وهـــو في الثانية عشر ۞ او في طرفين فالحاصل من جنس الفضل فـــي الطرف ذى الفضل فجزء

مال المال فى مال الكعب للحاصل الجذر وجزء كعب كعب الكعب فى مال مال الكعب للحاصل جزء المال ✿ وان لم يكن فصل فالحاصل من جنس الواحد ✿ وتفصيل طرق القسمة والتجذير وباقى الاعمال موكول الى كتابنا الكبير ✿ ولمّا كانت الجبريّات التى انتهت اليها افكار الحكماء منحصرة فى السّتّ وكان (* بناؤها على العدد والاشياء والاموال وكان هذا الجدول متكفّلا بمعرفة جنسيّة حاصل ضربها وخارج قسمتها اوردناه تسهيلا واختصارا وهذه صورته ✿

*) Genauer wäre wohl zu schreiben بناءها ohne و.

المضروب

المضروب فيه

	المال	الشئ	الواحد	جزء الشى	جزء انمال	
المال	مال المال	الكعب	المال	الشئ	الواحد	المال
الشئ	الكعب	المال	الشئ	الواحد	جزء الشئ	الشئ
الواحد	المال	الشئ	الواحد	جزء الشئ	جزء المال	الواحد
جزء الشئ	الشئ	الواحد	جزء الشئ	جزء المال	جزء الكعب	جزء الشئ
جزء المال	الواحد	جزء الشئ	جزء المال	جزء الكعب	جزء مال المال	جزء المال
	جزء المال	جزء الشئ	الواحد	الشئ	المال	

المقسوم

المقسوم عليه

وتضرب عدد احد الجنسين فى الاخر فالحاصل عدد حاصل الضرب من الجنس الواقع فى ملتقى المضروبين ✿

وان كان استثناء يسمّى المستثنى منه زائدا والمستثنى ناقصا ✿ وضرب الزائد فى مثله والناقص فى مثله زائد والمختلفين ناقص فاضرب الاجناس بعضها فى بعض واستثن الناقص من الزائد فضروب عشرة اعداد وشئ فى عشرة اعداد الّا شئا مائة الّا مالا ومضروب خمسة اعداد الّا شئا فى سبعة اعداد الّا شئا خمسة وثلثون عددا ومال الّا اثنى عشر شئا ومضروب اربعة اموال وستّة اعداد الّا شيئين فى ثلثة اشياء الّا خمسة اعداد اثنا عشر كعبا وثمانية وعشرون شئا الّا ستّة وعشرين مالا وثلثين عددا ✿

وفى (*القسمة تطلب ما اذا ضربته فى المقسوم عليه ساوى الحاصل المقسوم فتقسم عدد جنس المقسوم على عدد جنس المقسوم عليه وعددُ الخارج من جنس ما وقع فى ملتقى المقسومين ✿

الفصل الثانى (٣٣٣)
فى الستّ الجبريّة

استخراج المجهولات بالجبر والمقابلة يحتاج الى نظر ثاقب وحدس صائب وامعان فكرٍ فيما اعطاه السائل وصرف ذهن فيما يودّى الى المطلوب من الوسائل ✿

فتفرض المجهول شئا وتعمل ما تضمّنه السوأل سالكا على ذلك المنوال لينتهى الى المعادلة ✿ والطرف ذو الاستثناء

---

*) In d. Ausg. القسمنة

يكمل ويزاد مثل ذلك على الآخر وهو الجبر والاجناس المتجانسة المتساوية فى الطرفين تسقط منهما وهو المقابلة ۞ ثم المعادلة امّا بين جنس وجنس وهى ثلث مسائل تسمّى المفردات او جنس وجنسين وهى ثلث اخر تسمّى المقترنات ۞

الاولى من المفردات ۞ عدد يعدل اشياء فاقسمه على عددها يخرج الشئ المجهول ۞ مثالها اقرّ لزيد بالف ونصف ما لعمرو ولعمرو بالف الّا نصف ما لزيد ۞ فافرض المجهول شئًا فلعمرو الف الّا نصف شئ فلزيد الف وخمسمائة الّا ربع شئ يعدل شئًا وبعد الجبر الف وخمسمائة يعدل شئًا وربعا فلزيد الف ومائتان ولعمرو اربعمائة ۞

الثانية ۞ اشياء تعدل اموالا فاقسم عدد الاشياء على عدد الاموال فالخارج الشئ المجهول ۞ مثالها اولاد انتهبوا تركة ابيهم وكانت دنانير بن اخذ الواحد دينارا والآخر دينارين والآخر ثلثة وهكذا بتزايد واحد فاسترد الحاكم ما اخذوه وقسمه بينهم بالسوية فاصاب كلّ واحد سبعة فكم الاولاد والدنانير فافرض الاولاد شئًا وخذ طرفيه اعنى واحدا وشئ واضربه فى نصف الشئ يحصل نصف مال ونصف شئ وهو عدد (* الدنانير اذ مضروب الواحد مع اىّ عدد فى نصف العدد يساوى مجموع الاعداد المتوالية من الواحد اليه فاقسم عدد الدنانير على شئ هو عدد الجماعة ليخرج سبعة كما قل السائل فاضرب السبعة فى الشئ وهو المقسوم عليه يحصل سبعة اشياء تعدل نصف مال ونصف شئ وبعد الجبر والمقابلة مال يعدل ثلثة عشر شئًا فالشئ ثلثة عشر وهى عدد الاولاد فاضربه فى سبعة

---

*) In der Ausg. الدينار

فالدنانير احد وتسعون ۞ ولك استخراج هذه وامثاله بالخطأين كانْ يفرض الاولاد خمسة فالخطأ الاوّل اربعة ناقصة ثم تسعة فالثانى اثنان كذلك فالمحفوظ الاوّل عشرة والثانى ستّة وثلثون والفضل بينهما ستّة وعشرون وبين الخطأين اثنان ۞ وههنا طريق آخر اسهل واخصر وهو ان يضعّف خارج القسمة فالحاصل الّا واحدا عدد الاولاد ۞

الثالثة ۞ عدد يعدل اموالا فاقسمه على عددها وجذر الخارج هو الشئ المجهول ۞ مثالها اقرّ لزيد باكثر المالين اللّذين مجموعهما عشرون ومسطّحهما ستّة وتسعون فافرض احدهما عشرة وشئا والآخر عشرة الّا شئا فسطّحهما (* مائة الّا مالا وهو يعدل ستّة وتسعين وبعد الجبر والمقابلة يعدل المال اربعةً والشئ اثنين فاحد المالين ثمانية والآخر اثناعشر وهو المطلوب المقرّ به ۞

(٣٤٨)

المسئلة الاولى من المقترنات ۞ عدد يعدل اشياء واموالا فكمّل المال واحدا ان كان اقلّ منه (** وردّه اليه ان كان اكثر وحوّل العدد والاشياء الى تلك النسبة بقسمة عدد كلّ على عدد الاموال ثم ربّع نصف عدد الاشياء وزده على العدد وانقص من جذر المجموع نصف عدد الاشياء

---

*) In der Ausg. وهو مائة الّا مالا يعدل.

**) In der Ausg. وَزِدْهُ „und addire es" ohne Sinn. Dafs es وَرُدَّهُ „und reducire es" heifsen müsse, beweist der Zusammenhang, der Scholiast (ورد مال) und die Worte بعد التكميل والردّ in den folgenden Fällen.

ليبقى عدد المجهول ✿ مثالها اقرّ نزيد من العشرة بما مجموع مربّعه ومضروبه فى نصف باقيها اثنا عشر فافرضه شئًا فمربّعه مال ونصف القسم الآخر خمسة الّا نصف شئٍ ومضروب الشئ فيه خمسة اشياء الّا نصف مال فنصف مال وخمسة اشياء يعدل اثنى عشر فمال وعشرة اشياء يعدل اربعة وعشرين نقصنا نصف عدد الاشياء من جذر مجموع مربّع نصف عدد الاشياء والعدد بقى اثنان وهو المطلوب المقرّ به ✿

الثانية ✿ اشياء تعدل عددا واموالا فبعد التكميل او الردّ تنقص العدد من مربّع نصف عدد الاشياء وتزيد جذر الباقى على نصفها او تنقصه منه فالحاصل هو الشئ المجهول ✿ مثالها عدد ضرب فى نصفه وزيد على الحاصل اثنا عشر حصل خمسة امثال العدد فاضرب شئًا فى نصفه فنصف مال مع اثنى عشر يعدل خمسة اشياء فمال واربعة وعشرون يعدل عشرة اشياء فانقص الاربعة والعشرين من مربّع الخمسة يبقى واحد وجذره واحد فان زدته على الخمسة او نقصته منها يحصل المطلوب ✿

الثالثة ✿ اموال تعدل عددا واشياء فبعد التكميل او الردّ تزيد مربّع نصف عدد الاشياء على العدد وجذر المجموع على نصف عدد الاشياء فالمجتمع الشئ المجهول ✿ مثالها اىّ عدد (* نقص من مربّعه وزيد الباقى على المربّع حصل عشرة ونقصنا من المال شئًا وكمّلنا العمل صار مالين الّا شئًا يعدل عشرة وبعد الجبر والردّ مال يعدل خمسة اعداد ونصف شئ فربّع نصف عدد الاشياء مضافا الى الخمسة

*) Die Ausg. punctirt نَقَصَ statt نُقِصَ.

(* خمسة ونصف ثمن وجذره اثنان وربع تزيد عليه ربعا يحصل اثنان ونصف وهو المطلوب ۞

۞ ۞

۞

*) خمسة fehlt in d. Ausg.

الباب التاسع

في قواعد شريفة وفوائد لطيفة
لا بدّ للمحاسب منها ولا غنى عنها
ولنقتصر في هذا المختصر على اثنى عشر

الاولى ۞ وهي ممّا (* سنح بخاطرى الفاتر ۞ اذا اردت مضروب عدد في نفسه وفي جميع ما تحته من الاعداد فزد عليه واحدا واضرب المجموع في مربّع العدد فنصف الحاصل هو المطلوب ۞ مثالها اردنا مضروب التسعة كذلك ضربنا العشرة في احد وثمانين فاربعمائة وخمسة هو المطلوب ۞

الثانية ۞ اذا اردت جمع الافراد على النظم الطبيعيّ فزد الواحد على الفرد الاخير وربّع نصف المجتمع ۞ مثالها جمع الافراد من الواحد الى التسعة فالجواب خمسة وعشرون ۞

الثالثة ۞ جمع الازواج دون الافراد تضرب نصف الزوج الاخير فيما يليه بواحد ۞ مثالها من الاثنين الى العشرة ضربنا الخمسة في الستّة ۞

الرابعة ۞ جمع المربّعات المتوالية تزيد واحدا على ضعف العدد الاخير وتضرب ثلث المجموع في مجموع تلك

---

*) In der Ausg. سنج fehlerhaft; der Paraphrast hat ظاهر شده d. i. سنح

الاعداد ۞ مثالها مربّعات الواحد الى الستّة زدنا على ضعفها واحدا وثلث للحاصل اربعة وثلث فاضربه فى مجموع تلك الاعداد وهو احد وعشرون فاحد وتسعون جواب ۞

الخامسة ۞ جمع المكعّبات المتوالية تربّع مجموع تلك الاعداد المتوالية من الواحد ۞ مثالها مكعّبات الواحد الى الستّة ربّعنا الاحد والعشرين فاربعمائة وأحد واربعون جواب ۞

السادسة*) ۞ اذا اردت مسطّح جذرى عددين منطقين او اصمّين او مختلفين فاضرب احدهما فى الآخر وجذر المجتمع جواب ۞ مثالها مسطّح جذرى الخمسة مع العشرين فجذر المائة جواب ۞

السابعة ۞ اذا اردت قسمة جذر عدد على جذر عدد آخر فاقسم احد العددين على الآخر وجذر الخارج جواب ۞ مثالها جذر مائة على جذر خمسة وعشرين فجذر الاربعة جواب ۞

الثامنة ۞ اذا اردت تحصيل عدد تمّ وهو المساوى اجزاءه اى مجموع الاجزاء العادّة له فاجمع الاعداد المتوالية من الواحد على التضاعف فالمجموع ان كان لا يعدّه غير الواحد فاضربه فى آخرها فالحاصل تامّ ۞ مثالها جمعنا الواحد والاثنين والاربعة فضربنا السبعة فى الاربعة فالثمانية والعشرون عدد تامّ ۞

التاسعة ۞ اذا اردت تحصيل مجذور يكون نسبته الى جذره كنسبة عدد معيّن الى آخر فاقسم الاوّل على الثانى فمجذور الخارج هو العدد ۞ مثالها مجذور

*) In der Ausg. السادسنه fehlerhaft.

(* نسبته الى جذره كنسبة الاثنى عشر الى الاربعة فالجواب بعد قسمة الاثنى عشر على الاربعة تسعة ۞ ولو قيل كنسبة الاثنى عشر الى التسعة فالجواب واحد وسبعة اتساع لانّ جذره واحد وثلث ۞

العاشرة ۞ كلّ عدد ضرب فى آخر ثمّ قسم عليه ثمّ ضرب الحاصل فى الخارج حصل مساوى مربّع ذلك العدد ۞ مثالها ضربنا مضروب التسعة فى الثلثة فى الخارج من قسمتها عليها حصل احد وثمانون ۞

الحادية عشرة ۞ التفضل بين كلّ مربّعين يساوى مضروب جذريهما فى تفاضل الجذرين ۞ مثالها التفاضل بين ستّة عشر وستّة وثلثين عشرون وجذراهما عشرة وتفاضلهما اثنان ۞

الثانية (** عشرة ۞ كلّ عددين قسم كلّ منهما على الآخر وضرب احد الخارجين فى الآخر فالحاصل واحد ابدا ۞ مثالها الخارج من قسمة الاثنى عشر على الثمانية واحد ونصف وبالعكس ثلثان ومستحبهما واحد ۞

وهو الموفّق للاتمام

۞ ۞

۞

*) In d. Ausg. نسبتة Druckfehler.

**) In d. Ausg. عشرة Druckfehler.

الباب العاشر (٣٨٢)

فى مسائل متفرّقة بطرق مختلفة
*) تشحذ ذهن الطالب وتمرّنه فى استخراج المطالب

مسئلة ١ (٣٨٣)

عدد ضوعف وزيد عليه واحد وضرب الحاصل فى ثلثة وزيد عليه اثنان وضرب المبلغ فى اربعة وزيد عليه ثلثة بلغ خمسة وتسعين ۞

فبالجبر عملنا ما يجب فانتهى الى اربعة وعشرين شيًا وثلثة وعشرين عددا يعدل خمسة وتسعين وبعد اسقاط المشترك **) فالاشياء تعدل اثنين وسبعين وهى الاولى من المفردات وخارج القسمة ثلثة وهو المطلوب ۞

وبالخطأين فرضنا اثنين فاخطأنا باربعة وعشرين ناقصة ثمّ خمسة فبثمانية واربعين زائدة فالمحفوظ الاوّل ستّة وتسعون والثانى مائة وعشرون قسمناهما على مجموع الخطأين خرج ثلثة ۞

وبالتحليل نقصنا من الخمسة والتسعين ثلثة وسبقنا العمل الى ان قسمنا احدا وعشرين على ثلثة ونقصنا من السبعة واحدا ونصّفنا الباقى ۞

---

*) In d. Ausg. تشحذ fehlerhaft.

**) قالاشياء Druckfehler.

(۳۸۷) مسئلة ۲

ان قيل اقسم العشرة بقسمين يكون الفضل بينهما خمسة ۞

فبالجبر افرض الاقلّ شيًا فالاكثر شئ وخمسة ومجموعهما شيان وخمسة تعدل عشرة فالشئ بعد المقابلة اثنان ونصف ۞

وبالخطأين فرضنا الاقلّ ثلثة فالخطأ الاوّل واحد ناقص ثم اربعة فالخطأ الثانى ثلثة ناقصة والفضل بين المخفوظين خمسة وبين الخطأين اثنان

وبالتحليل لمّا كان الفضل بين قسمى كلّ عدد ضعف الفضل بين نصفه وبين كلّ منهما فاذا زدت نصف هذا الفضل على النصف بلغ سبعة ونصفا او نقصته منه يبقى اثنان ونصف ۞

(۳۹۰) مسئلة ۳

مال زدنا عليه خُمْسَهُ وخمسة دراهم ونقصنا من المبلغ (* ثُلُثَهُ وخمسة دراهم لم يبق شئ ۞

فبالجبر افرض المال شيئًا وانقص من شئ وخمسه وخمسة دراهم ثلثها يبقى اربعة اخماس شئ وثلثة دراهم وثلثه واذا نقص منه خمسة لم يبق شئ فهو معادل لخمسة وبعد اسقاط المشترك اربعة اخماس شئ تعدل درهما (** وثلثين فاقسم واحدا (** وثلثين على اربعة اخماس يخرج اثنان ونصف سدس وهو المطلوب ۞

---

*) In d. Ausg. ثَلٰثَة fehlerhaft.

**) In d. Ausg. وثَلٰثِيْنَ »und dreifsig« statt وثُلُثَيْنِ »und zwei Drittel«, beide Male.

وبالخطأين ان فرضنا خمسة فالخطأ الاوّل اثنان وثلث زائد او اثنين فالخطأ الثانى ثلث خمس ناقص فالمحفوظ الاوّل ثلث والثانى اربعة وثلثان والخارج من قسمة مجموعهما على مجموع الخطأين اعنى اثنين وثلثا وثلث خمس اى اثنان وخمسان اثنان ونصف سدس ۞

وبالتحليل خذ للخمسة التى لا يبقى بعد القائها شئ وزد عليها نصفها لانّه الثلث المنقوص ثم انقص من المجتمع للخمسة ومن الباقى سدسه اذ هو خمس مزيد ۞

مسئلة ۴ (۳۹۶)

حوض ارسل فيه اربع انابيب يملأه احدها فى يوم والبواقى بزيادة يوم ففى كم يمتلى ۞

فبالاربعة المتناسبة لا ريب انّ الاربع تملأ فى يوم مثلى الحوض ونصف سدسه فالنسبة بينهما كنسبة الزمان المطلوب الى الحوض فالمجهول احد الوسطين فانسب واحدا الى اثنين ونصف سدس بخمسين وخمسى (*خمس اذ المنسوب اليه خمسة وعشرون نصف سدس والمنسوب اثنا عشر نصف سدس ۞

وبوجه آخر الاربع تملأ فى يوم حوضا هو خمسة وعشرون جزءا ممّا به الاوّل اثنا عشر وامتلأ كلّ جزء فى جزء من اليوم فيمتلى الاوّل فى اثنى عشر جزءا من خمسة وعشرين جزءا من يوم ۞

فان قيل وايضا اطلق فى اسفله بالوعة تفرغه فى ثمانية

*) In d. Ausg. خمسس Druckfehler.

ايّام فلا ريب انّ الرابعة تملأ حينئذ فى يوم ثمن حوض فالاربع تملأ فيه بمثل ذلك الحوض وثلثة وعشرين جزءا من اربعة وعشرين جزءا منه فنسبة يوم واحد الى ذلك كنسبة الزمان المطلوب الى الحوض فانسب مسطّح الطرفين الى الوسط باربعة وعشرين جزءا من سبعة واربعين جزءا من يوم ۞

وعلى الوجه الآخر الاربع تملأ فى يوم حوضا هو سبعة واربعون جزءا ممّا به الاوّل اربعة وعشرون والباقى ظاهر ۞

(٤٠٣) مسئلة د

سمكة ثلثها فى الطين وربعها فى الماء والخارج منها ثلثة اشبار فكم اشبارها ۞

فبالاربعة المتناسبة اسقط الكسرين من مخرجهما يبقى خمسة فنسبة الاثنى عشر اليها كنسبة المجهول الى الثلثة والخارج من قسمة مسطّح الطرفين على الوسط سبعة وخمس وهو المطلوب ۞

وبالجبر ظاهر لانّك تعادل شيئا القى ثلثه وربعه اعنى ربع شيئ وسدسه بثلثة ثم تقسمها على الكسر يخرج ما مرّ ۞

وبالخطأين اظهر (* لانّك تفرضها اثنى عشر ثم اربعة وعشرين فيكون الفصل بين المحفوظين ستّة وثلثين وبين الخطأين خمسة ۞

وبالتحليل تزيد على الثلثة مثلها وخمسيها لانّ الثلث والربع من كلّ عدد يساوى ما بقى وخمسيه ۞

وقس على ذلك امثاله بان تنظر النسبة بين الكسور

*) In der Ausg. لابّك

الملقاة وبين ما بقى من المخرج المشترك وتزيد على العدد الذى اعطاه السائل بمقتضى تلك النسبة ۞ وهذا العمل الاخير من خواصّ هذه الرسالة ۞

مسئلة ٦ (٤٠٩)

رجلان حضرا بيع دابّة فقال احدهما للآخر ان اعطيتنى ثلث ما معك على ما معى تمّ لى ثمنها وقال الآخر ان اعطيتنى ربع ما معك على ما معى تمّ لى ثمنها فكم مع كل منهما وكم الثمن ۞

فبالجبر تفرض ما مع الاوّل شيئًا وما مع الثانى ثلثة لاجل الثلث فان اخذ الاوّل منها درهما كان معه شئ ودرهم وهو الثمن وان اخذ الثانى ما قله كان معه ثلثة دراهم وربع شئ يعدل شيئًا ودرهما وبعد المقابلة درهمان يعدل ثلثة ارباع شئ فالشئ درهمان وثلثان وما مع الثانى الثلثة المذكورة فالثمن (* ثلثة دراهم وثلثا درهم ۞ فاذا صحّحت الكسور كان مع الاوّل ثمانية ومع الثانى تسعة والثمن احد عشر ۞ وهذه المسئلة سيّالة ولاستخراجها وامثالها طريق سهل ليس من الطرق المشهورة وهو ان تنقص من مسطّح مخرجى الكسرين واحدا (** ابدا يبقى ثمن الدابّة ثمّ احد الكسرين يبقى ما مع احدهما ثمّ (*** الاخير يبقى ما مع الثانى ففى المثال تنقص من اثنى عشر واحدا ثمّ اربعة ثمّ ثلثة ليبقى كل من المجهولات الثلثة ۞

---

*) In d. Ausg. وثلثة

**) In d. Ausg. اَبَدً

***) Ist wohl الآخر zu lesen.

(٤١٥) مسئلة ٧

ثلثة اقداح مملوة احدهما باربعة ارطال عسلا والآخر بخمسة خلّا والآخر بتسعة ماءا صبّت فى اناء واحد ومزجت سكنجبينا ثم ملئت الاقداح منه فكم فى كل من كل ✿

فاجمع الاوزان واحفظ المجتمع واضرب ما فى كل فى كل من الاوزان (*الثلثة واقسم الحاصل على المحفوظ فالخارج ما فيه من النوع المضروب فيه ✿ فتضرب الاربعة فى نفسها وتقسم كما مرّ ففى الرباعىّ ثمانية اتساع رطل عسلا ثم فى الخمسة كذلك ففيه رطل وتسع خلّا ثم فى التسعة كذلك ففيه رطلان ماءا والكلّ اربعة ✿ ثم تضرب الخمسة فى نفسها وفى الاربعة والتسعة وتفعل ما مرّ يكون فى الخماسىّ رطل وثلثة اتساع ونصف تسع خلّا ورطل وتسع عسلا ورطلان ونصف ماءا والكلّ خمسة ✿ ثم تفعل ذلك بالتسعة يكون فى التساعىّ رطلان عسلا ورطلان ونصف خلّا واربعة ارطال ونصف ماءا والكلّ تسعة ✿

(٤٢٢) مسئلة ٨

قيل لشخص كم مضى من الليل فقال ثلث ما مضى يساوى ربع ما بقى فكم مضى وكم بقى ✿

فبالجبر افرض الماضى شيئا فالباقى اثنا عشر الّا شيئا فثلث الماضى يعدل ثلثة الّا ربع شئ وبعد الجبر ثلث الماضى وربعه يعدل ثلثة فالخارج من القسمة خمسة وسبع وهو الساعات الماضية فالباقية ستّة وستّة اسباع ساعة ✿

---

*) In d. Ausg. الثلثه

وبالاربعة المتناسبة اجعل الماضى شيئًا والباقى اربع ساعات لاجل الربع فثلث الشئ يساوى ساعة فالشئ الماضى ثلث ساعات والكلّ سبع فنسبة الثلثة الى السبعة كنسبة المجهول الى اثنى عشر فاقسم مسطّح الطرفين على الوسط يخرج خمسة وسبع ۞

مسئلة ٩ (۴۳۹)

رُمْح مركوز فى حوض والخارج من الماء خمسة اذرع مال مع ثبات طرفه حتى لاقى راسه سطح الماء فكان البعد بين مطلعه من الماء وموضع ملاقاة راسه له عشرة اذرع كم طول الرمح ۞

فبالجبر تفرض الغائب فى الماء شيا فالرمح خمسة وشئ ولا ريب انّه بعد الميل وتر قائمة احد ضلعيها عشرة اذرع والاخر قدر الغائب منه اعنى الشئ فمربّع الرمح اعنى خمسة وعشرين ومالا وعشرة اشياء مساوٍ لمربّعى العشرة والشئ اعنى مائة ومالا بشكل العروس وبعد اسقاط المشترك يبقى عشرة اشياء معادلة لخمسة وسبعين والخارج من القسمة سبعة ونصف وهو القدر الغائب فى الماء فالرمح اثنا عشر ذراعا ونصف ۞

(* ولاستخراج هذه المسئلة ونظائرها طرق اخر تطلب مع براهينها من كتابنا الكبير وفّقنا الله تعالى لاتمامه ۞

۞ ۞

۞

*) In d. Ausg. ولاستخراج

خاتمة

قد وقع للحكماء الراسخين فى هذا الفنّ مسائل صرفوا فى حلّها افكارهم ووجّهوا الى استخراجها انظارهم وتوصّلوا الى كشف نقابها بكلّ حيلة وتوسّلوا الى رفع حجابها بكلّ وسيلة فما استطاعوا اليها سبيلا ولا وجدوا عليها مُرْشِدا ودليلا فهى باقية على عدم الانحلال من قديم الزمان مستعصية على سائر الاذهان الى هذا الآن قد ذكر علماء الفنّ بعضها فى مصنّفاتهم واوردوا شطرا منها فى مؤلّفاتهم تحقيقا لاشتمال هذا الفنّ على المستصعبات الابيّات وافحاما لمن يدّعى عدم العجز فى الحسابيّات وتحذيرا للمحاسبين من التزام الجواب عمّا يورد (* عليهم منها وحثّا لاصحاب الطبائع الوقّادة على حلّها وانكشف عنها ✿ وانا اوردت فى هذه الرسالة سبعة منها على سبيل الانموذج اقتداءا بمنارهم واقتفاءا لآثارهم وهى هذه ✿

الاولى ✿ عشرة مقسومة بقسمين اذا زيد على كلّ جذره وضرب المجتمع فى المجتمع حصل عدد مفروض ✿

الثانية ✿ مجذور ان زدنا عليه عشرة كان للمجتمع جذر او نقصناها منه كان للباقى جذر ✿

---

*) Ich vermuthe, dafs عليهم zu lesen sei, und habe demgemäfs übersetzt.

الثالثة ✿ اقــرّ لــزيد بعشرة الّا جذر ما (*لعمرو ولعمرو (**بخمسة الّا جذر ما لزيد ✿

الرابعة ✿ عدد مكعّب قسم بقسمين مكعّبين ✿

الخامسة ✿ عشرة مقسومة بقسمين اذا قسمنا كلّا منهما على الآخر وجمعنا الخارجين كان المجتمــع مساويا لاحد قسمــى العشرة ✿

السادسة ✿ ثلثة مربّعات متناسبة مجموعها مربّــع ✿

السابعة ✿ مجــذور اذا زيــد عليه جــذره ودرهمــان او نقص منه جـــذره ودرهمان كان للمجتمــع او للباقــى جذر ✿

(*** يا هذا واعلم ايّها الاخ (†العـزيـز الطالب لنفائس المطالب قد اوردت لك فــى هذه الرسالة الوجيزة بل الجوهرة العزيزة من نفائس عرائس قوانين الحساب ما لم يجتمع الــى الآن فــى رسالة ولا كتاب فاعـرف قدرها ولا تـرخّص مهـرها وامنعها عمّن ليس اهلها ولا تزفّها الّا الــى حريص علــى ان يكون بعلها ولا تبذلها لكثيف (††الطبــع مــن الطالب لئلّا تكون معلّقا للدرر فــى اعناق الكلاب فانّ كثيرا

---

*) In d. Ausg. لعمرو لعمرو و بخمسة.

**) Andere Lesart بخُمْسَيْه, wohl unrichtig. Comm.

***) In der Ausg. ist يا so gedruckt, als wenn es zum Commentar gehörte.

†) العزيز habe ich aus dem Commentar genommen; der Text liest الغريب.

††) Lies الطَّبَع, nicht الطَّبْع, wie die Ausgabe hat.

من مطالبها حرى (* بالصيانة والكتمان حقيق بالاستتار عن اكثر اهل هذا الزمان فاحفظ وصيّتى اليك والله حفيظ عليك والحمد لله الميسّر للاتمام والموفق للاختتام ✿

✿ ✿

✿

*) In d. Ausg. بالصيانة.

Druckfehler.

Im Arabischen Texte.

S. 16. Z. 10. v. o. زيادة

» 18. » 1. v. u. نرسم st. نرسمون

In der Übers. und den Anm.

S. 20. Z. 5. v. o. l. die st. edi, und $\frac{9}{4}$ st. $\frac{9}{14}$

» 24. » 7. S. v. u. l. Bekannten st. Unbekannten

» 27. » 2. v. u. l. von dem st. an den, und $\frac{4}{9}$ st. $\frac{14}{9}$

» 32. » 10. v. o. l. von dem

» 33. » 6. » » l. Kugelsector

» 50. » 5. » » l. also st. als

» 61. » 8. v. u. l. enthalten

» 63. » 8. » » l. $m = n$ st. $m = 1 + n$

Nachtrag zu S. 9. Z. 1. des Textes.

Hinter den Worten فهذا الشكل يتكفل به gehört diese in der Calcuttaer Ausgabe im Commentare versteckte Figur, das Einmaleins vorstellend:

٩	٨	٧	٦	٥	٤	٣	٢	
							٤	٢
						٩	٦	٣
					١٦	١٢	٨	٤
				٢٥	٢٠	١٥	١٠	٥
			٣٦	٣٠	٢٤	١٨	١٢	٦
		٤٩	٤٢	٣٥	٢٨	٢١	١٤	٧
	٦٤	٥٦	٤٨	٤٠	٣٢	٢٤	١٦	٨
٨١	٧٢	٦٣	٥٤	٤٥	٣٦	٢٧	١٨	٩

Die den angeführten Worten entsprechende Stelle der Übersetzung S. 8. Z. 4. v. u. mufs heifsen: so bürgt dafür dieses Schema. Und es ist dann die Übertragung des eben gegebenen Schema's hinzuzufügen, nämlich

	2	3	4	5	6	7	8	9
2	4							
3	6	9						
4	8	12	16					
5	10	15	20	25				
6	12	18	24	30	36			
7	14	21	28	35	42	49		
8	16	24	32	40	48	56	64	
9	18	27	36	45	54	63	72	81